庆城油田页岩油水力压裂试验场技术丛书

# 庆城油田页岩油水力压裂试验场检查井取心手册

李　健　齐　银　雷启鸿　等编著

石油工业出版社

## 内容提要

本书系统介绍了国内首个水力压裂试验场——庆城油田页岩油水力压裂试验场检查井取心涉及的取心程序、取心参数、岩屑录取、岩心处理、岩心现场测试等环节的操作方法和技术方面的依据，可为不同类型非常规油气藏水力压裂试验场方案设计、现场组织、综合研究及效果评价等提供指导。

本书可供石油地质、油气开发、非常规石油勘探开发方面的科研人员和高等院校师生阅读，也可为从事非常规油气勘探开发的生产管理人员提供参考。

## 图书在版编目（CIP）数据

庆城油田页岩油水力压裂试验场检查井取心手册 / 李健等编著. -- 北京：石油工业出版社，2025.5. （庆城油田页岩油水力压裂试验场技术丛书）. -- ISBN 978-7-5183-7258-4

Ⅰ. TE243-62；TE357.1-62

中国国家版本馆 CIP 数据核字第 20244KD484 号

---

出版发行：石油工业出版社

（北京安定门外安华里 2 区 1 号楼　100011）

网　　址：www.petropub.com

编辑部：（010）64253017　图书营销中心：（010）64523633

经　　销：全国新华书店

印　　刷：北京中石油彩色印刷有限责任公司

2025 年 5 月第 1 版　2025 年 5 月第 1 次印刷

787×1092 毫米　开本：1/16　印张：9

字数：300 千字

定价：100.00 元

（如出现印装质量问题，我社图书营销中心负责调换）

版权所有，翻印必究

# 《庆城油田页岩油水力压裂试验场技术丛书》

## 编委会

**主　编：** 何江川

**副主编：** 余浩杰　郑新权　付永强　张矿生　牛小兵

**委　员：** 慕立俊　李　健　孙　虎　张广清　齐　银　雷启鸿
　　　　　　屈雪峰　陆红军　阎荣辉　张志国　李建霆　梅启亮
　　　　　　翁定为　石仲元　姜维寨　王延茂　张福祥　罗　引

# 《庆城油田页岩油水力压裂试验场检查井取心手册》编写组

组　长：李　健

副组长：齐　银　雷启鸿

成　员：（按姓氏拼音排序）

拜　杰　曹　鹏　曹　炜　陈　波　陈　芳　陈　强
陈文斌　成良丙　程　云　代长灵　董立全　樊明会
冯　明　冯胜斌　冯顺彦　郭芪恒　何右安　衡　峰
黄天镜　康凯锋　冷先刚　李　杰　李伯东　李志宏
刘长春　马　兵　宋　娟　陶　亮　涂志勇　王　博
王亚东　王治涛　吴阿蒙　鲜　晟　徐　凯　徐荣利
徐文远　薛小佳　杨秦川　姚卫华　尤　源　余世福
张　俊　张同伍　赵国翔

# 丛书序一

非常规油气有效开发很大程度上得益于工程技术的进步。水力压裂试验场是针对非常规油气藏开发及储层改造的基础理论和关键技术问题而开展科研攻关的全新组织形式,涉及非常规油气藏开发、储层改造、现场测试等方面丰富的理论和技术内容。

欣然获悉长庆油田在庆城油田开辟了国内首个页岩油水力压裂试验场,又阅读了水力压裂试验场核心攻关技术人员编撰的专著,深感开辟页岩油水力压裂试验场意义重大。首先,它有助于提高水平井单井产量和经济效益。通过系统的测试和取心验证,更准确地了解压裂裂缝的特征和分布规律,从而指导优化井网设计和压裂方案,提高开发效果,实现产量和效益提升。其次,它有助于重新认识油藏、裂缝和储量。用传统的油气开发理论去解释非常规油藏是有局限性的,水力压裂试验场的建立提供了一个全新的视角,使技术人员能够深入地了解非常规油藏的特性和裂缝分布模式,为构建新理论提供有力的支持。最后,它有助于推动技术进步和创新。通过集成多种先进的监测技术和取心手段去探索评价新技术,推动非常规油气开发技术进步。

长庆油田坚持守正创新,依靠科技自立自强,立足页岩油开发重大需求,在庆城油田开辟国内首个页岩油水力压裂试验场,为中国陆相页岩油气革命树立了一个重要的里程碑。《庆城油田页岩油水力压裂试验场技术丛书》是该重大试验形成的宝贵资料,更是页岩油勘探开发的财富。长庆油田秉持开放、共享的精神,将实践总结的精华出版分享,以实际行动践行"加大国内油气勘探开发力度""能源的饭碗必须端在自己手里""当好能源保供顶梁柱"的使命担当。展望未来，希望长庆油田继续秉承创新、奉献、协作的精神，不断探索新技术、新工艺，努力提高页岩油的采收率和开发效益。同时，也期待国内油田及相关科研院所，以首个页岩油水力压裂试验场建设为契机，加大科技攻关力度，共同开创页岩油开发的美好未来！

中国工程院院士 李根生

# 丛书序二

鄂尔多斯盆地以发育"三低"油气藏著称。为了开发好这类油气藏，长庆油田始终以"压裂"为"法宝"、与"致密"做斗争。自 20 世纪 80 年代起，通过应用水力压裂技术解放低渗透油气藏，成功开发安塞油田。自此，水力压裂技术成为长庆油田开发低渗透油气藏的"利器"。进入 21 世纪，在鄂尔多斯盆地勘探发现的油藏更加致密。长庆油田不断探索与创新压裂技术，挑战渗透率极限，陆续成功开发了低渗透、特低渗透、超低渗透油藏，例如西峰油田、姬塬油田、华庆油田。在低渗透油气田勘探开发过程中，压裂工艺不断革新，压裂技术不断升级，练就出长庆油田"吃压裂饭、唱压裂歌"的豪迈壮志。2011 年以来，压裂技术步入了一个新阶段，长庆油田在国内首次通过水平井体积压裂技术实现了页岩油的有效动用。在该技术的强力推动下，历经十年努力勘探发现了我国最大的页岩油田——庆城油田。2018 年以后，通过规模化应用水平井体积压裂技术并不断优化升级，推动了庆城油田实现规模效益开发。2023 年，庆城油田页岩油年产油量突破 200 万吨。随着庆城油田开发规模持续扩大，长庆油田不满足现状，主动作为，继续探索提升单井产量、降低成本的技术方法。在此背景下，一个重大基础试验提上日程——页岩油水力压裂试验场。

庆城油田页岩油水力压裂试验场建设筹备始于 2021 年，方案于 2022 年正式通过审查，之后历经两年多的艰辛建设，先后针对两口试验井开展压裂、监测，并部署实施检查井取心，2024

年 6 月完成现场建设，进入综合研究阶段，目前已取得诸多创新认识。长庆油田成为国内首个页岩油水力压裂试验场的成功建设者和专门针对国内陆相页岩油水力压裂试验场系列专著编撰者，我认为主要得益于以下几个方面：

一是勇于探索的精神。长庆油田始终坚持以科技创新为驱动，勇于探索新的技术和方法，不断挑战传统认知和技术边界。基于这种勇于探索的精神，长庆油田在页岩油勘探开发领域屡次取得重大突破和成果。

二是强大的技术实力。长庆油田拥有页岩油勘探开发技术团队和先进的实验设备，具备强大的技术研发和创新能力。基于这些技术硬实力支撑，长庆油田在页岩油开发领域不断开展前沿理论技术探索。

三是高度负责的态度。在试验场建设及专著编撰过程中，长庆油田始终坚持全面细致、质量优先的原则，严格把控各个环节的工作质量，做到全过程信息的细致整理与描述，成果认真梳理总结。基于这种高度负责的态度，确保了试验场建设及系列专著编撰顺利完成。

当前，国家高度重视科技自立自强，中国石油提出打造页岩油气原创技术策源地，长庆油田提出打造低渗透及非常规油气科技创新高地，建设"大、强、壮、美、长"的世界一流大油气田的宏伟目标。期待长庆油田在页岩油开发领域创造更加辉煌的明天！

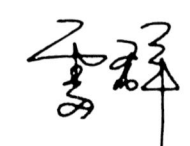

中国石油咨询中心高级专家

# 丛书序三

非常规油气开发中很多开发参数依据不足，依靠现在物探监测手段不能揭示清楚，从而"逼迫"科技工作者通过取心亲眼看到，并最终获取答案。水力压裂试验场是非常规油气开发先导试验中一种重要的验证手段，是以监测和取心为核心手段，来验证开发主体工艺技术，从而指导后续开发。谈以下几点认识：

第一，启动水力压裂试验场建设是有条件的。中国石油油气和新能源分公司规定非常规油气开发按照先打评价井，建先导性开发试验平台，之后编制开发方案的程序进行。我觉得水力压裂试验场应在开发方案实施的过程中同步建设，最起码在有一些试验和攻关基础的前提下建设，这是启动建设的"门槛"。因为启动开发方案就代表规模性开发，提高规模性开发单井产量变得十分迫切，这时候需要通过攻关找到最经济、最有效的开发技术参数。并不是说通过水力压裂试验场解决水平井产量不达标的问题。因为水力压裂试验场建设的费用太高，所以这个费用不能轻易花，必须把准备工作做到位，通过前期评价和先导性试验找到主体工艺技术，然后建设水力压裂试验场验证和优化主体工艺技术。否则各企业都建水力压裂试验场，一大笔钱花出去了，若没有开发方案的话，连后续钻井工作量都没有，怎么谈认识的推广应用。以庆城油田页岩油水力压裂试验场为例，已经快建成300万吨开发规模了，在开发方案执行的过程中，发现有些技术参数还存在争议，储层"甜点"识别还不足……，这时候开展水力压裂试验场去解决这些问题就比较合适。

第二，水力压裂试验场方案审查重点是审查取心井，同时审查配套的多种工艺监测技术。目前，中国水力压裂试验场建设取心是核心任务，建设费用的80%也是花在取心上。要验证的多种工艺技术应是开发中经常要用到的。水力压裂试验场是要把"千万级花费"得到的认识和成果转化到"百万级花费"的技术上，甚至转化到"十万级花费"的技术上。所以，水力压裂试验场一定是多工艺技术配合取心，最终解决开发参数技术经济性的问题。虽然不能做到"观一叶而知秋"，但可以找到技术的内在逻辑，把后期的成本降下来。所以每个区域做水力压裂试验场设计时要重点去评价开发井最常用的监测手段，验证这些监测手段的符合性。

第三，监测设计应该以问题为导向做地质和工艺评价。水力压裂试验场的工作任务，第一是地质评价，第二是工艺评价。其中，工艺评价包含压裂参数的系统评价，还包括多种监测技术的准确性评价。这么多监测技术中有没有滥竽充数的技术或者不适合本区域的技术？要通过评价多用合适的、便宜的技术。我觉得长庆油田庆H41平台重要的启发是：之前说"甜点"就都是"甜点"，试验场研究表明原来预测的"甜点"区域不是"甜点"，地质认识上就发生了变化。反过来，对物探监测手段都有了提升。如果没有本次验证，工程上还在追求段、簇开启率，按改造段簇设计产量。如果不是地质"甜点"，怎么压也不会有油气。

对于水力压裂试验场的建设方案，有以下要注意的问题：

第一，要有分期建设的概念。北美搞水力压裂试验场十多年，分了好多期。油气田企业建设过程中也要量力而行。这是因为，在开发方案总投资固定的前提下，挤出来费用，每年解决几个问题。不是通过一年的工作一下子把所有的问题都解决了，那不现实。

第二，一期水力压裂试验场的设计目标应相对单一。比如，大庆油田在一期设计时，先把Q9的缝长、缝高和井间距搞清楚就行了。这是一期工作量能搞清楚的，搞完以后对下一步开发方案的指导意义就非常重大。所以说，搞水力压裂试验场不是"既要什么……""又要什么……""还要什么……"，结果最后什么都要不上。

第三，每一期建设都要能够快速指导现场应用。所谓指导现场应用就是在优化工艺、提高单井产量上能快速见效。起码上半年建、下半年出结果，紧接着来年能够用得上。别搞个两三年见不到效果，也见不到效益。这一点要向长庆油田学习，建完之后，在报告中谈了五项机理方面的认识，谈了六项提升页岩油地球物理解释的技术方法，谈了四项提升页岩油产量、降低成本方面的对策。可以说，基本上把明年长7页岩油怎么干，都搞得清清楚楚。明年一开年，开发部署和方案设计就按照这些意见执行。还有哪些问题没认识清楚的，还可以通过后续几期试验场再认识清楚。这套做法非常好，值得大家学习。

第四，在实施过程中一定加强地质工程一体化。建水力压裂试验场需要搞开发的同志、搞勘探的同志、搞工程的同志坐在一起。水力压裂试验场最终认识出来了，要改变开发方案中的相关技术政策，不仅仅是优化了压裂。实际上，水力压裂试验场发挥作用的范围是非常广的，除了优化压裂工艺和技术参数，还包括开发技术一系列问题，都能起到指导作用。所以说水力压裂试验场建设必须搞地质工程一体化。

（据中国石油勘探开发研究院副院长付永强在2024年11月10日中国石油水力压裂试验场方案审查会上的讲话）

中国石油勘探开发研究院副院长

# 本书序

页岩油水力压裂试验场作为前沿科技探索的高地，通过集成多种现场试验收集宝贵数据，深刻洞察地下人工裂缝形成的科学规律，为页岩油的大规模商业化开采奠定坚实的理论与技术基础，其战略意义非凡。水力压裂试验场的建设不仅是科技进步的平台，更是技术密集、资金密集、多专业高效协同，智能信息技术的综合考验。2024年，中国石油庆城油田开创了一个里程碑式的成果——国内首个页岩油水力压裂试验场的成功建设。

在页岩油水力压裂试验场的建设过程中，"取心验证"是至关重要的环节。因为取心可以直接看到压裂裂缝分布，验证压裂效果，评估技术的有效性，同时获取的岩心样品可用于后续室内分析和综合研究。然而，水力压裂试验场研究任务的复杂性和取心技术的特殊性，决定取心及围绕岩心的现场试验面临诸多困难和挑战，某个环节考虑欠妥或操作失误都有可能导致取心失败。值得欣喜的是，长庆油田页岩油水力压裂试验场科技攻关人员直面困难和挑战，通过自主探索实践，形成了一套水力压裂试验场取心的工作方法和操作流程，有效地保障了首个页岩油水力压裂试验场的顺利进行。

受邀阅读了页岩油水力压裂试验场技术团队编撰的《庆城油田页岩油水力压裂试验场检查井取心手册》，深感这本专著内容丰富、意义重大。

首先，它为水力压裂试验场现场取心操作提供了标准化的规范与指导，为国内外同类试验交流与合作提供了参考和借鉴。专著中详细描述了取心流程，每个环节的仪器设备、技术参数、人员配置，为开展同类试验提供了明确的指导和参考，确保了取心操作的规范性和准确性。专著中专门叙述了技术参数得出的依据，对比不同参数的效果，使读者了解选用这些参数背后的原因，给参数调整和优化创造了条件。本取心手册首次将数据的管理和治理作为试验场重点内容，详细叙述了数据类型、规范，为研究人员后期利用取心数据开展研究提供了重要参考。

其次，专著展现出长庆油田在页岩油开发领域强大的创新能力和引领作用，生动诠释了依靠科技进步推动产业发展，保障国家能源安全的精神内涵。水力压裂试验场是个系统性的重大工程试验，其中涉及的内容非常丰富和复杂。这本专著为国内外同行提供了宝贵的经验和参考，促进了国内外页岩油开发领域的交流与合作。

相信国内首个页岩油水力压裂试验场的成功建设及本专著的出版不仅标志着长庆油田在页岩油开发领域取得了重大突破和成果，更为我国非常规油气资源的高效开发提供了宝贵的经验和示范。

中国石油大学（北京）教授

# 前言

  随着全球能源需求持续增长，非常规油气资源的开发已成为各国关注的焦点。页岩油作为一种重要的非常规油气资源，具有巨大的开发潜力。由于页岩油的复杂性，传统技术难以有效开发，水平井体积压裂技术应运而生。目前，全球页岩油开发普遍采用水平井体积压裂技术。虽然应用该技术实现了页岩油规模开发，但是一个问题始终悬而未决，那就是：体积压裂究竟在页岩油储层中形成什么样的缝网系统？随着页岩油开发规模增加，这个问题显得更加突出。因为，体积压裂在页岩油储层中形成的缝网特征像"桥梁"，连通着页岩油开发的"两大阵地"。一是产量和效益，二是设计和工艺。在这样的背景下，长庆油田毅然决定开辟页岩油水力压裂试验场，旨在通过集成先进的监测技术和分析手段，深入研究水力压裂形成的复杂缝网系统及背后的理论和技术，为解决页岩油开发重大理论技术问题提供科学依据。

  庆城油田庆 H41 平台水力压裂试验场是国内首个页岩油水力压裂试验场。该试验场以提高水平井单井产量和经济效益为核心，集成光纤、微地震、示踪剂等多种先进测试分析手段，并开展取心验证，深入研究水力压裂裂缝特征，深化认识不同压裂工艺的裂缝扩展规律、裂缝空间分布、支撑剂运移等关键问题，为井网井距优化、段簇设计、开发动用效果及提高采收率研究等提供依据，助推页岩油开发技术升级。

  检查井取心是水力压裂试验场建设的重要环节之一，为裂缝评估及综合研究提供了最重要的实物依据；同时，检查井取心及岩心测试也是试验场建设中较为复杂的环节，其操作的流程和方法直接决定数据的完整性、准确性及结论的可靠性。可以说，检查井取心工作很大程度上决定了整个试验场项目的成败。长庆油田在首个页岩油水力压裂试验场实践过程中，形成了系统的取心工作方法，为现场钻井、录井、取心、岩心测试、现场实验等提供了重要指导，为保障现场试验成功发挥了重要作用。

本手册以国内首个页岩油水力压裂试验场检查井取心实践为基础，完整、准确地呈现了水力压裂试验场建设中最重要的检查井取心环节的操作过程、技术参数选择，同时说明了相关技术方法及参数得出的主要依据。本手册不仅对国内开展非常规油气水力压裂试验场建设具有重要指导意义，同时也是中国石油人通过重大科技创新攻克非常规油气理论和技术难题的写照，具有示范作用。主要体现在：（1）以页岩油前沿科技攻关为主题，以攻克页岩油储层改造及开发重大基础理论和技术难题为目标；（2）以提升国内页岩油开发效果和增加经济性为导向；（3）包含了岩心保形、裂缝判识、支撑剂识别等技术难题的解决方案；（4）涉及岩心CT扫描、核磁共振、荧光扫描等前沿技术方法。

全手册分为7章，由参与水力压裂试验场建设的核心技术骨干总结撰写，全书由李健、齐银、雷启鸿统稿。第1章主要介绍水力压裂试验场的基本情况和检查井取心的总体设计，重点说明检查井取心的工作流程、工作界面，还介绍了国内外水力压裂试验场取心相关工作调研情况。主要由李健、齐银、拜杰、王博、陈波、刘长春等撰写。第2章主要介绍钻井、取心相关的设备和工具，参数设置及操作方法。主要由冯明、程云、余世福等撰写。第3章主要介绍通过岩屑录井寻找支撑剂线索的做法、研发的主要设备，筛选和处理的流程及关键参数，支撑剂识别的方法。主要由薛小佳、张同伍、董立全、鲜晟等撰写。第4章主要介绍岩心出筒后的一系列处理流程，包括出筒过程，开筒方法，样品收集，岩心标记等。主要由雷启鸿、何右安、尤源、成良丙、冯胜斌、吴阿蒙、曹炜、赵国翔、李志宏等撰写。第5章主要介绍现场岩心测试的仪器设备、操作方法，获取的主要资料类型。主要由齐银、徐文远、王亚东、涂志勇、徐荣利、刘长春等撰写。第6章主要介绍针对水力压裂试验场复杂的裂缝统计与分析工作而研发的软件平台，说明其基本功能、数据架构并展示应用的效果。主要由姚卫华、成良丙等撰写。第7章主要介绍岩心管理和归库要求，主要由尤源、刘长春等撰写。手册第2章至第5章先陈述做法和执行的参数，后面对主要做法、关键参数的设置原因进行说明，便于读者了解参数设置的依据并在后续试验场建设中优化改进。附录主要编录了水力压裂试验场各环节工作用的主要表格模板。庆城油田庆H41页岩油水力压裂试验场由中国石油长庆油田分公司牵头组织建设，参与的单位还有中国石油集团川庆钻探工程有限公司、中国石油集团测井有限公司、中国石油渤海钻探工程公司、中国石油集团东方地球物理勘探有限责任公司、洲际海峡能源科技有限公司、斯伦贝谢中国公司等。此外，中国石油大学（北京）、中国矿业大学、长江大学、西安石油大学、欧勒姆能源科技（北京）有限公司、成都西图科技有限公司等参与了岩心测试工作。参与现场工作并对手册编制做出贡献的人员还有朱博辉、张晓东、李永胜等，鞠玮、孟江辉、赵天鹏、何海波、王冠群、魏红芳等对岩心测试工作提出建设性建议。由于水力压裂试验场建设是个庞大的系统工程，参与人员众多，无法逐一列举，在此对参与现场工作及关注试验场建设和综合研究的单位及个人一并表示衷心感谢！

希望本手册切实能为国内不同类型水力压裂试验场及同类重大基础试验提供借鉴。由于作者水平所限，疏漏之处在所难免，敬请批评指正！

# 目录

1 概述 ·································································· 1
   1.1 水力压裂试验场概况 ·································· 1
   1.2 检查井取心概况 ········································ 4
   1.3 国内外现状 ·············································· 5
   1.4 检查井取心工作流程 ·································· 7

2 钻井取心 ···························································· 11
   2.1 钻机概况 ················································· 11
   2.2 取心工具 ················································· 11
   2.3 钻具组合 ················································· 13
   2.4 钻井参数 ················································· 14
   2.5 钻井取心操作 ··········································· 15
   2.6 异常情况处置措施 ····································· 19
   2.7 人员配置及责任划分 ·································· 20
   2.8 过程控制措施要点 ····································· 20
   2.9 参数设置依据及注意事项 ··························· 21

3 岩屑录取与支撑剂识别 ······································ 23
   3.1 仪器设备概况 ··········································· 23
   3.2 岩屑的筛选和处理 ····································· 23
   3.3 支撑剂的识别 ··········································· 26
   3.4 钻井液示踪剂录取 ····································· 29
   3.5 人员配置及责任划分 ·································· 34
   3.6 参数设置依据及注意事项 ··························· 34

## 4 岩心处理与裂缝描述 ········· 36

    4.1 岩心出筒 ········· 36

    4.2 开筒观察 ········· 40

    4.3 岩心清洗 ········· 42

    4.4 岩心标记 ········· 43

    4.5 岩心精细观察拍照 ········· 44

    4.6 裂缝测量 ········· 45

    4.7 岩心精细描述 ········· 47

    4.8 人员配置及分工 ········· 49

    4.9 参数设置依据及注意事项 ········· 49

## 5 岩心测试分析 ········· 51

    5.1 岩心手持伽马测量 ········· 51

    5.2 核磁共振扫描 ········· 52

    5.3 井场 CT 扫描 ········· 56

    5.4 荧光扫描 ········· 64

    5.5 白光扫描 ········· 69

    5.6 裂缝面高精度拍照 ········· 71

    5.7 裂缝面三维激光扫描 ········· 73

    5.8 人员配置及分工 ········· 77

    5.9 参数设置依据及注意事项 ········· 77

## 6 岩心数字化及智能化分析 ········· 79

    6.1 数据资源管理与建设 ········· 79

    6.2 水力压裂试验场协同研究平台 ········· 89

    6.3 人员配置及责任划分 ········· 99

    6.4 建设经验 ········· 99

7 岩心管理及归库 ……………………………………… 101
　7.1 岩心采样管理 …………………………………… 101
　7.2 岩心保存要求 …………………………………… 103
　7.3 岩心归库要求 …………………………………… 104
　7.4 人员配置 ………………………………………… 104
附录　资料录取表格及图件……………………………… 105

# 1 概述

## 1.1 水力压裂试验场概况

### 1.1.1 建设背景

鄂尔多斯盆地蕴藏着丰富的页岩油资源。延长组长 7 段页岩油是典型的陆相页岩油，具有纵横向非均质性强、储层低压等特征。通过十余年艰苦探索与攻关实践，长庆油田已在鄂尔多斯盆地建成了 $300\times10^4$t 页岩油规模效益开发区。当前如何进一步提高单井产量，提升开发效益，提高单井最终可采储量（EUR）是摆在长庆石油人面前的关键问题，制约着持续大规模、高效益建产。建设水力压裂试验场就是要解决页岩油关键理论认识问题，建设的目的是要重新认识油藏、重新认识储量、重新认识裂缝、重新认识产量，进一步提高水平井单井产量和经济效益，为井网优化、开发技术政策制定和体积压裂优化设计等提供技术支撑。

庆城油田庆 H41 平台页岩油水力压裂试验场是在中国石油天然气集团有限公司领导下，充分借鉴北美水力压裂试验经验，按照"将实验室建在现场"的创新理念，由长庆油田主导，联合多单位按照"共同建设、共同分享、共同认识、共出成果"原则，共同推进的国内首个页岩油水力压裂试验场。水力压裂试验场建设坚持"压前地质—工程一体化设计、压中测试响应反演拟合、压后取心验证分析评价"的研究路径，形成主要涵盖"前置基础研究、压裂参数设计、裂缝测试、全生命周期生产动态测试"的系统重大科研攻关工程。

长庆油田参照北美压裂试验场经验，利用国内后发优势，按照"先易后难、先新井后老井"的步骤，整体规划三期试验，Ⅰ期聚焦目前主力开发层

长 $7_1$、长 $7_2$ 多期砂叠置厚层型，Ⅱ期瞄准下步页岩油接替层位长 $7_1$、长 $7_2$ 薄砂泥互层型和长 $7_3$ 纹层型，Ⅲ期围绕页岩油进一步提高采收率开展试验。总体规划更加系统全面，实现长庆页岩油开发全资源类型、全生命周期的研究覆盖。第Ⅰ期试验场主要攻关任务包括：

（1）表征储层天然裂缝形态及分布。

（2）认识不同压裂改造方式裂缝缝网关键参数（缝长、缝高、缝宽）。

（3）评估压裂缝支撑剂分布范围及铺置状态。

（4）评价水力压裂缝与天然裂缝关系。

（5）分析压后流入及产出动态规律。

## 1.1.2 建设过程

该试验场于 2021 年完成选区和钻井，2022—2023 年开展两口试验井压裂和监测，2023—2024 年完成检查井取心。自 2022 年 5 月正式下入套管外光纤以来，庆 H41 平台页岩油水力压裂试验场建设历经了多个关键时间节点。从最初的顶层论证会、方案审查会，到压裂测试阶段，至取心阶段结束，历时近三年。

立项阶段，中国石油天然气集团有限公司多次组织技术研讨、方案审查、阶段分析会议，从全局的角度规划了项目顶层设计，明确建设目标，推进试验场快速落地实施。

方案设计阶段，在北美水力压裂试验场（Hydraulic Fracturing Test Site，HFTS）完整报告未披露的背景下，通过多途径检索论文，从大量相关论文中获取信息并总结归纳，邀请了国内外知名专家进行技术咨询，立足长庆页岩油实际，在充分调研国内外测试技术基础上，由技术专家全程把关，最终形成了一套以"压前地质—工程一体化设计、压中测试响应反演拟合、压后取心验证分析评价"为研究路径，综合应用光纤、双井微地震、井下电视、示踪剂及取心等 10 项 16 井次测试的水力压裂试验场系统建设方案，确保了方案的科学性和可行性。

压裂测试阶段，克服了光纤入井及避射的重重困难，成功完成了两口井

44段169簇压裂及相关测试工作，为后续取心和分析工作奠定了坚实基础。

取心阶段，首创了大斜度井＋水平井双井联合取心方法，在缺乏参考模板的情况下，创新提出了压裂水平井页岩油取心标准规范，建立了钻井取心→岩心处理→全参数取样→现场测试分析→岩心入库的标准化工作流程。采用保形、保压两种取心作业，圆满完成了两口井的取心任务，共获取74筒共661m岩心，创造了水平井连续取心361m的工程纪录。

综合研究阶段，庆H41水力压裂试验场坚持共建共享的原则，深度挖掘数据和现象背后的规律认识，与高水平科研院所多单位联合，多专业共同研究、总结、分析所有数据。依托长庆油田油藏数字化研究中心，建设了一套完整数据库系统——水力压裂试验场协同研究平台，真正实现将试验场建设全过程各类测试资料"颗粒归仓"，录取各类资料超过30T。这些资料为深入分析页岩油储层特性和压裂效果，进一步优化压裂设计、提升开发效果提供了重要依据。

通过试验场的集成测试分析，为深入认识缝网系统特征及对页岩油开发的关键问题提供了条件，同时也积累了丰富的实践经验和技术资料，这些宝贵的经验及技术资料不仅对中国石油页岩油开发和工程技术进步具有重要意义，也将为国内页岩油革命提供创新驱动。试验场在人工裂缝形态、多簇起裂及产液贡献率等精细评价等方面取得重要认识，建立的标准、规范以及由此得到的成果认识充分展示了长庆油田在页岩油开发领域的创新能力和技术实力，将为国内页岩油发展提供有力支撑。

### 1.1.3　试验平台概况

试验平台庆H41位于庆城油田核心位置，开发对象主要为Ⅰ类储量。前期一共部署五口开发水平井，平均水平段长度1300m，井距250～350m，平均油层钻遇率73%。庆H41-3、庆H41-4两口井为试验井，压裂期间集成井下微地震、光纤、井下电视、取心分析等共10项14井次测试，系统开展人工裂缝形态、支撑剂分布状态、多簇起裂及产液贡献率等精细评价。

## 1.2 检查井取心概况

试验场设计两口取心检查井,其中大斜度井取心目的主要评价纵向裂缝扩展及支撑剂分布特征,水平井取心目的评价井网与裂缝适配性、裂缝横向扩展及支撑剂分布。水力压裂试验场取心井俯视图及三维空间图分别如图 1.1 和图 1.2 所示。

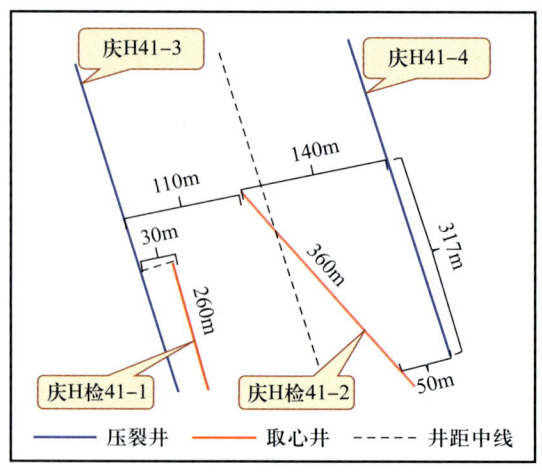

图 1.1 水力压裂试验场取心井俯视图

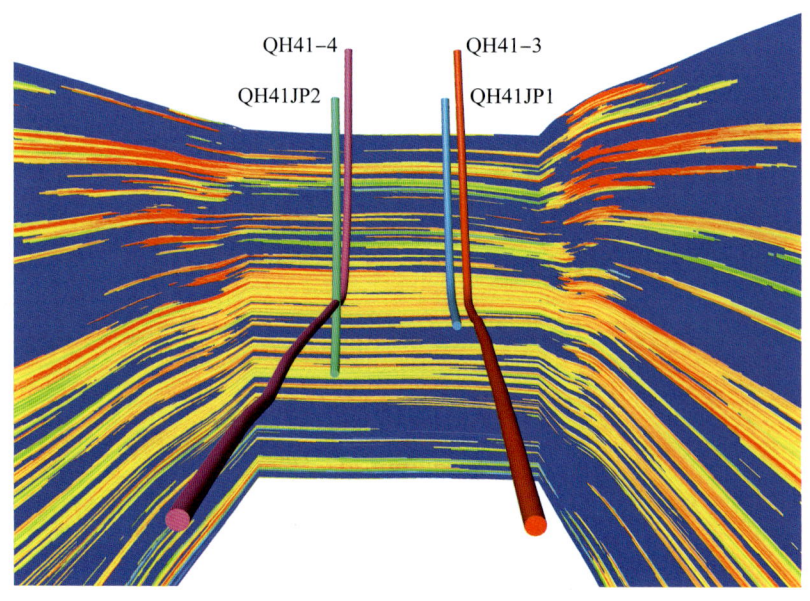

图 1.2 水力压裂试验场取心井三维空间图

大斜度取心井轨迹平面投影与邻井庆 H41-3 平行，距离为 30m，取心段长度 300m，下穿地层 68m，监测覆盖邻井水平段 260m；水平取心井轨迹位于油层中部，与庆 H41-4 井距离由近及远为 50~140m，取心长度 360m，监测覆盖邻井水平段 317m。根据研究需求，检查井采用保形取心工艺，最大限度保持岩心原始状态，避免因取心过程造成岩心损伤干扰裂缝判识。

## 1.3 国内外现状

### 1.3.1 北美水力压裂现场实验室设立背景

2014 年以来，美国国家能源技术实验室（National Energy Technology Laboratory，NETL）先后创建了 17 个油田现场实验室（Field Laboratory），作为前沿技术实施和验证的平台。

2014 年国际油价暴跌，为了破解低油价给页岩油气生产经营带来的困境，美国爆发了页岩油气二次革命。一是采取"超长水平井 + 大规模水力压裂"技术，大幅度提高单井产量和单井可采储量（EUR）；二是采取革命性措施提高钻完井效率，降低建井成本。然而，由于页岩地层的复杂性，压裂干扰、簇开启效率、动态裂缝及支撑裂缝形态、压裂规模是否合适、支撑剂是否有效铺置等机理性问题尚无法通过数值模拟和室内实验进行验证；另外，部分页岩油区块已经进入开发中后期，单井产量低、采收率低的矛盾日益凸显，迫切需要通过油田现场实验来解决制约进一步提高开发效益的机理和认识问题。为此，美国能源部化石能源办公室启动了油田现场实验室建设计划（DOE-FE Field Laboratory Initiative）。

油田现场实验室在深化页岩油气革命、破解中低油价情况下页岩油气经济效益开发方面发挥了重要作用。诸多水力压裂机理和认识问题得到解决，实现了压裂技术再进步；正在助推致密油 / 页岩油注气提高采收率技术在巴肯（Bakken）、鹰滩（Eagle Ford）和二叠（Permian）盆地商业化应用，大幅提升开发效益。

### 1.3.2 水力压裂现场实验室组织模式及特点

美国油田现场实验室的组织模式有"政府主导式"和"企业主导式"两种。"政府主导式"由美国能源部下达项目计划并拨付项目资金（类似我国的国家科技重大专项），由大学或独立科研机构牵头组织实施，聘任一位首席科学家担任项目负责人，以联合工业项目（JIP）的形式，邀请工业界的油公司、油服公司以提供资助或免费提供技术服务的方式参加现场实验室建设和现场科学实验研究，项目参与方共享研究成果。17个油田现场实验室都属于"政府主导式"。"企业主导式"由大型油公司或独立石油公司（如雪佛龙、康菲等）针对自己的区块开展现场实验室建设（类似于中国石油天然气集团有限公司的重大科技专项），也会采取联合工业项目的形式邀请其他感兴趣的油公司和油服公司参与，项目参与方可以共享研究成果。

美国油田现场实验室有三大特点：一是选址以典型非常规油气盆地或产区为主，例如二叠盆地、阿巴拉契亚盆地、巴肯、鹰滩等；二是研究领域聚焦水力压裂和提高采收率技术，反映了当前美国乃至全球页岩油气的研究热点、前沿技术及发展方向；三是钻科学实验井，综合采用多种先进的监测手段（微地震、连续地震、光纤、温度压力监测、示踪剂等）对水力压裂、提高采收率和生产过程实时监测，获取地下温度、压力、应力、声波等丰富信息。

### 1.3.3 水力压裂现场实验室作用

"上天容易入地难"，地下油气藏、岩石、流体情况十分复杂，特别是非常规油气藏更为复杂，地面室内实验的条件、规模和物理相似性都无法科学准确地模拟实际地下复杂的地质条件。水力压裂现场实验室通过整体设计，将生产与实验科学有机结合，把实验室从室内搬至现场，从地面搬至地下，把需要揭示的科学问题、机理问题与钻井、压裂、提高采收率等生产活动结合起来，在一口井或一个平台上集成应用多项先进的监测技术，科学全面地获取地下信息，点亮水力压裂和提高采收率技术相关机理及规律性认识"盲区"，助力非常规油气降本增效。

北美通过水力压裂试验场可以确定多段多簇密切割压裂的簇开启效率、注入剖面、压后产出剖面、井间干扰、压裂动态裂缝形态、压后支撑裂缝形态及支撑剂铺置规律、压后形成的有效体积（DRV）等，指导确定合理的井间距，水平井入窗位置及井眼轨迹设计，优化压裂段簇设计、压裂规模，对降本增效、科学制定开发技术政策、提高单井产量和最终可采储量至关重要。

## 1.4 检查井取心工作流程

### 1.4.1 取心流程介绍

页岩油水力压裂试验场取心工作总体按照图 1.3 所示流程进行操作。通过严格的流程控制，使现场工作能够按照规定的顺序对岩心进行处理和测试，资料能够被准确地获取，各项工作有序进行，相互不产生干扰。总体来说，岩心出井后被吊装到地面，取出聚氯乙烯（PVC）内筒；现场观察岩心筒底面岩性、裂缝发育情况，并初步判断岩心归位标记；带筒丈量岩心长度，画标记线并以 0.8m 间隔画分段线，标记分段序号、顶底深度及断面归位方向；在井场

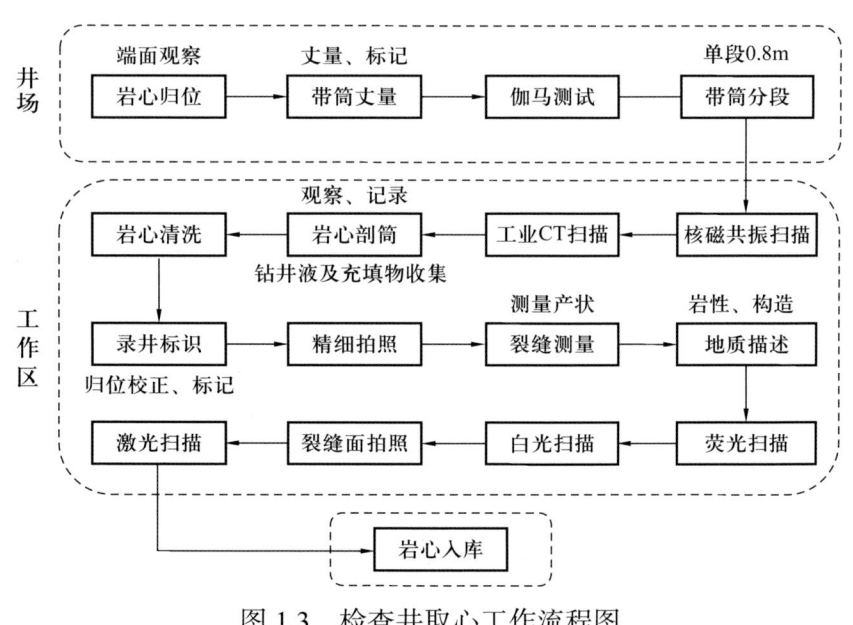

图 1.3 检查井取心工作流程图

上沿分段线将岩心带筒切割，观察分割后岩心筒两端岩性、裂缝发育情况，并根据新断面特征再次校核岩心归位，初步判断岩心顶底位置；对重点位置岩心进行特殊保存处理或采样；将分段后的岩心两端加装封盖，转移到工作区进行测试；在井场上首先对岩心进行核磁共振扫描，然后进行工业CT扫描；扫描完成后将岩心筒沿轴向两侧切开，对岩心进行原位拍照、描述；之后清洗岩心，核对并丈量实际长度，按照常规录井要求，将岩心分段，并做录井块号标记；对标识好的岩心进行精细观察和描述；之后对岩心进行荧光扫描、白光扫描、裂缝面精细拍照及三维激光扫描；最后整理岩心并将其放入库房保管。

各环节分述如下：

（1）取心环节（岩心出井至岩心内筒取出）。

该环节由钻井取心技术人员主导，钻井人员配合完成取心。岩心出井后被吊装到地面平放，取出PVC内筒；地质人员、取心人员、录井人员联合确认岩心筒底部岩性、裂缝发育情况（地质人员拍照记录），之后将岩心交接给录井人员。

（2）出心环节（岩心丈量至测试前）。

该环节由录井人员主导，取心人员配合。录井人员擦拭PVC筒外壁；地质人员根据底部岩心层理初步判断岩心归位方向，尽量将岩心按恢复后的位置正确摆放；带筒丈量岩心长度，用油性笔画标记线并以0.8m间隔画分段线，正面两侧标记顶底深度，中间标记分段序号，在断面上标记恢复后的方位，箭头方向指示底部；分段编号由顶部至底部进行编排，按照A-B的规则进行编号，A为取心次数，B为分段序号；取心人员按照分段线带筒切割岩心；地质人员观察并记录分段后岩心端面岩性、裂缝发育状态，根据新断面层理进一步核实岩心方向，并在断面上标记归位方向，箭头所示为岩心底面；根据研究需求，对部分位置切段采用塑封、冷冻等特殊保存；用堵头将岩心筒两端封上，之后将岩心转移至工作区，并将岩心交接给测试人员。

（3）岩心现场测试环节（井场及工作区测试扫描）。

该环节由地质和测试人员主导，录井人员配合。首先对岩心进行一维核磁共振扫描，然后选择 2～3 处进行二维核磁共振扫描；对岩心进行原位 CT 扫描，截取裂缝图像，预判裂缝类型；将岩心筒沿轴线剖开，初步观察、拍照并记录岩心原位特征，对存在裂缝的位置进行仔细观察、常规拍照、显微拍照和描述；录井人员配合地质人员，对需要特殊保存的样品进行封装（冷冻或封罐）；示踪剂监测人员和压裂技术人员对筒壁的钻井液及缝面颗粒物进行收集；对存在于裂缝附近的流体样品（钻井液）进行取样，对裂缝面进行浸泡，收集浸泡后的液体并进行相应的分析测试。

（4）岩心常规录井工作（岩心扫描完至岩心装盒）。

该环节由录井人员主导，测试人员配合。录井人员对岩心进行清洗，按照常规录井要求，对岩心进行丈量、分段、标记块号；对标记块号的岩心不允许采样，永久保留；根据地质人员要求选段留取大样、小样（用于测试物性及含油饱和度）；将岩心装盒并拍照记录，交接给测试人员，对岩心断裂处进行固定，然后进行荧光扫描、白光扫描、裂缝面拍照及裂缝面三维激光扫描。

（5）岩心精细描述及采样（岩心装盒后）。

地质人员对岩心进行精细描述、拍照、记录，对裂缝进行精细测量和描述，根据研究需要在未标记块号的岩心上进行采样，之后将岩心整理好入库存放。

## 1.4.2 现场工作交底

由地质和工程牵头负责制定总体取心方案，确定现场施工标准，确保取心工作满足后期研究要求。现场三开（下入技术套管以后的再次开钻）之后依据取心专项现场施工方案，在钻井现场开展施工交底工作，主要交底对象为现场施工主要单位，对试验场的总体工作安排、现场可能存在的问题、各项准备工作、复杂情况应对等方面开展详细的交底工作。现场交底的内容主要包括钻进操作、取心流程、取心操作要点、录井工作流程及操作要求、岩心出筒、丈量标记、分段切割、岩心转运、岩心筒横剖、核磁共振扫描、岩心断面扫描、白光扫描、伽马扫描、CT 扫描、岩心观察描述、现场各项实验、岩心入库等环节,并明确各环节负责人;同时,对质量安全环保措施落实情况进行交底,明确出现特殊情况时的应急处理流程及规范处理措施。

# 2 钻井取心

## 2.1 钻机概况

按照大斜度及长水平段连续取心任务，综合考虑工程能力、井控需求及井场条件，本次取心使用 ZJ40 带顶驱电动钻机，如图 2.1 所示。

图 2.1 庆 H41 平台水力压裂试验场检查井取心钻机

## 2.2 取心工具

### 2.2.1 保形取心工具

检查井取心主体采用保形取心工艺，部分井段采用保压取心。保形取心工具采用自研 GSQX180-101 型水平井 PVC 衬管保形取心工具（图 2.2），取心方式为单筒取心。该工具具有两层内筒，创新采用钢内筒内置 PVC 保护筒结构。

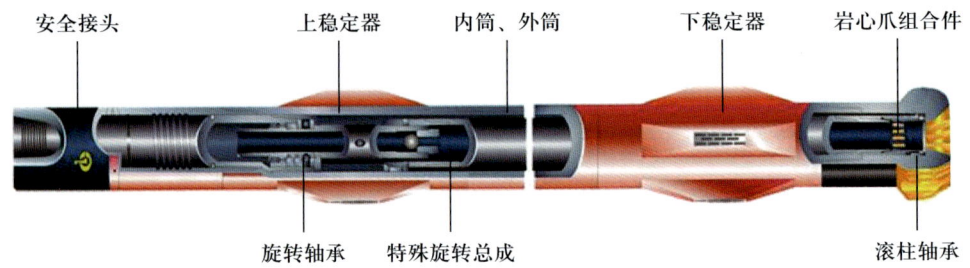

图 2.2　自研 GSQX180-101 型水平井 PVC 衬管保形取心工具示意图

取心钻头采用保形取心专用聚晶金刚石复合片（PDC）钻头，型号分别为 CQP768 型（图 2.3a）、CQP584 型（图 2.3b）、CQP768BX 型（图 2.4a）、CQP564BX 型（图 2.4b）。

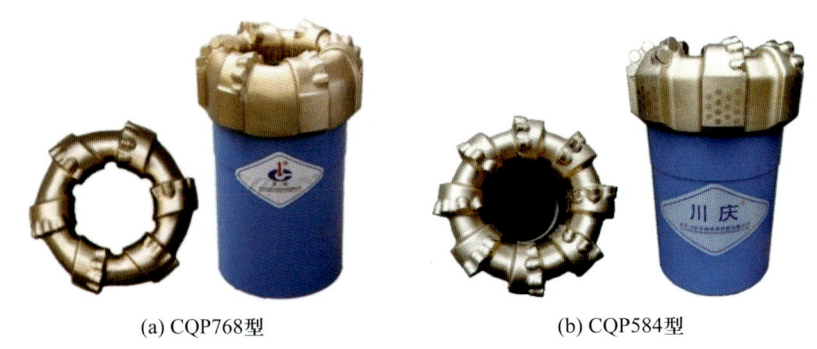

(a) CQP768型　　　　　　　　(b) CQP584型

图 2.3　不同类型取心钻头照片

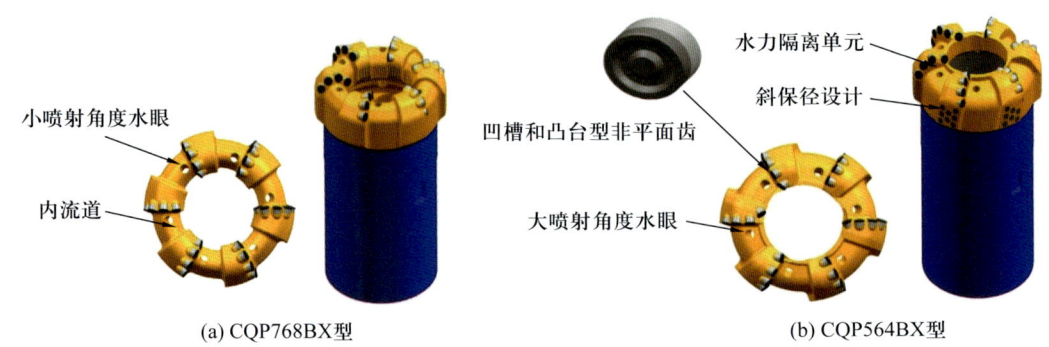

(a) CQP768BX型　　　　　　　　(b) CQP564BX型

图 2.4　取心钻头

为减少钻井液对裂缝面的侵蚀和冲击，取心过程中不断改进取心钻头，先升级为 CQP768BX 型，最终定型为 CQP564BX 型。

## 2.2.2 保压密闭取心工具

保压密闭取心工具内筒预装密闭液并用密封活塞固定。岩心进入内筒时密闭液包裹岩心，避免钻井液污染岩心；下端装有特制的球阀结构，当钻取岩心完成后，通过投球使内外筒产生差动作用从而将球阀关闭，岩心和流体被密封在保压内筒中处于高压状态。起钻过程中岩心中的油气水组分不挥发、不逃逸，从而有利于获得更准确的储层原始流体状态（图2.5）。保压取心内筒采用铝合金内筒，既能承受一定压力，又便于岩心现场带筒切割及后期运输。保压取心钻头采用PDC钻头（型号为CQP564BX）。

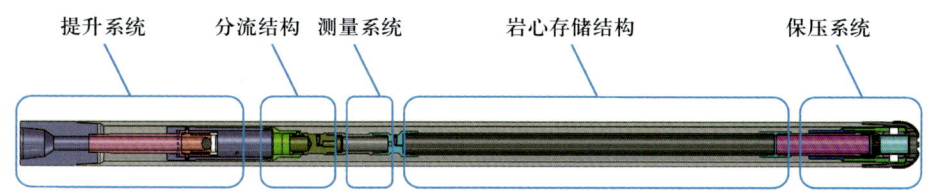

图 2.5　LW194-80BYA 型保压密闭取心工具结构示意图

# 2.3　钻具组合

## 2.3.1　保形取心钻具组合

（1）微增斜钻具组合：$\Phi$214.4mm 取心钻头 0.405m+$\Phi$180mm 外筒短节 0.3m+$\Phi$212mm/$\Phi$208mm 取心扶正器 0.6m+$\Phi$180mm 工具本体 8.6m+$\Phi$186mm 差值短节 0.6m+$\Phi$180mm 安全接头 0.65m+$\Phi$165.1mm 挡板式浮阀（可通过 $\Phi$32mm 钢球）+$\Phi$127mm 加重钻杆 +$\Phi$127mm 钻杆 + 顶驱。

（2）稳斜钻具组合：$\Phi$214.4mm 取心钻头 0.405m+$\Phi$180mm 外筒短节 0.3m+$\Phi$186mm 差值短节 0.6m+$\Phi$180mm 工具本体 8.6m+$\Phi$186mm 差值短节 0.6m+$\Phi$180mm 安全接头 0.65m+$\Phi$165.1mm 挡板式浮阀（可通过 $\Phi$32mm 钢球）+$\Phi$127mm 加重钻杆 +$\Phi$127mm 钻杆 + 顶驱。

（3）降斜钻具组合：$\Phi$214.4mm 取心钻头 0.405m+$\Phi$180mm 外筒短节 0.3m+$\Phi$186mm 差值短节 0.6m+$\Phi$180mm 工具本体 8.6m+$\Phi$212mm/$\Phi$208mm

取心扶正器 0.6m+Φ180mm 安全接头 0.65m+Φ165.1mm 挡板式浮阀（可通过 Φ32mm 钢球）+Φ127mm 加重钻杆 +Φ127mm 钻杆 + 顶驱。

实际钻具组合可根据现场实钻情况及时调整。

### 2.3.2　保压密闭取心钻具组合

Φ215mm PDC 取心钻头 0.30m+Φ194mm 保压取心工具 5.81m+Φ165.1mm 挡板式浮阀（可通过 Φ51mm 钢球）+Φ127mm 加重钻杆 +Φ127mm 钻杆 + 顶驱。

### 2.3.3　扩径及测斜钻具组合

为了控制井眼轨迹及安全取心，连续取心 3 筒次后（进尺 27m）进行扩眼和测斜，下入全面钻进钻头及弯螺杆配合近钻头方位伽马仪、MWD 仪器进行通井扩眼、测斜。根据测斜结果及时制定下一步取心工具组合。

扩径及测斜钻具组合：Φ215.9mm PDC 钻头 +Φ172mm 发射短节 +Φ172mm 弯螺杆 +Φ168mm 回压阀 +411×460 转换接头 +Φ172mm 接收短节 +Φ165mm 无磁钻铤 +Φ165mm 上悬挂 +Φ127mm 加重钻杆 +Φ127mm 钻杆 + 顶驱。

## 2.4　钻井参数

### 2.4.1　取心钻井参数

树心：钻压 10～20kN，排量 20～25L/s，转速 45～55r/min。

取心钻进：钻压 25～90kN，排量 22～28L/s，转速 55～65r/min。

### 2.4.2　改变轨迹时的钻井参数

增斜时钻进参数：钻压 60～90kN，排量 22～28L/s，转速 45～50r/min。

降斜时钻进参数：钻压 25～35kN，排量 22～28L/s，转速 50～60r/min。

通井扩径参数：钻压 10～20kN，排量 32～33L/s，转速 40～50r/min。

## 2.5 钻井取心操作

### 2.5.1 工具组装

(1) 入井前取心人员对取心钻具、取心内筒、PVC 保护筒进行检查，确保入井材料保养到位。

(2) 取心人员将 PVC 保护筒插入取心钢内筒，操作过程要缓慢，防止划伤保护筒。

(3) 裁剪多余的 PVC 保护筒，并用锉刀打磨光滑，防止岩心入筒时遭到破坏（图 2.6）。

(a) 安装PVC保护筒

(b) 切割多余的PVC保护筒

(c) 安装外筒

图 2.6 取心内筒内置 PVC 保护筒操作照片

（4）依据测斜数据，提前选定取心工具扶正器组合（增斜/稳斜/降斜）。

（5）取心人员安装岩心爪组合件，装配岩心爪，与钻井人员协作将取心内筒组装进取心外筒，重点调整好工具间隙，一般设置为8～13mm（图2.7）。

（6）安装保压密闭工具时，取心人员在场地上向铝合金内筒中预装密闭液，用密封活塞封堵；岩心爪组合件内筒与球阀装置、分流结构等部件连接紧扣。外筒本体与顶部接头及取心钻头螺纹连接，平稳吊至钻台上紧扣。

图2.7　钻台上装入内筒并检查间隙

## 2.5.2　取心钻进

（1）在保形取心树心过程中，钻压加至40kN后核对好方入。采用低转速（机械一挡）、低钻压（一般为40～60kN），低排量（一般为正常排量的2/3）。首先上提至钻压10～20kN，开转盘，缓慢钻进，树心。钻进30cm后开始缓慢加压至正常钻压钻进。

（2）保形取心后转换成保压取心时，禁止钻头下压探底。树心期间控制钻压在 10～20kN 之间，缓慢送钻，将井底 $\varPhi$101mm 岩心桩磨细至 $\varPhi$80mm 并钻进至新地层再按正常钻压进行。

（3）根据测斜情况，合理调整取心钻压、转速参数，确保井眼轨迹中靶。

（4）取心工程师和钻井工程师全程值守，及时判断井下情况，避免堵心、磨心，影响取心收获率（图 2.8）。

图 2.8　工程师全程值守并实时调整参数

## 2.5.3　割心起钻

当方入剩余 50cm 开始加钻压至 10～12t 钻进，岩心变粗，待钻压回至正常钻压后，停转盘上提钻具割心。观察指重表，一般砂岩割心悬重上升后突然闪下来，易碎地层显示不明显甚至无显示。

保压密闭工具割心后上提取心工具，从钻杆接头位置卸开，执行投球操作。投球后开泵（25L/s），当球到达球座后，泵压升高后会回落至正常，指示球阀成功关闭。

按取心钻进排量循环结束后起钻。全程控制起钻速率，使用低速挡起钻，可以降低气体膨胀导致岩心损坏的风险（图 2.9）。

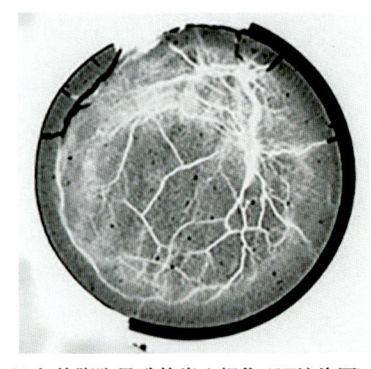 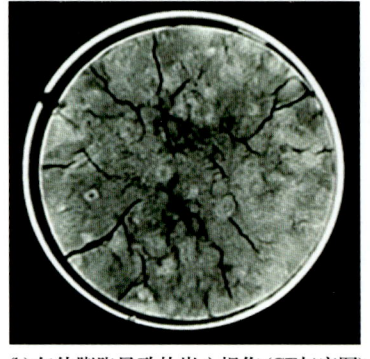 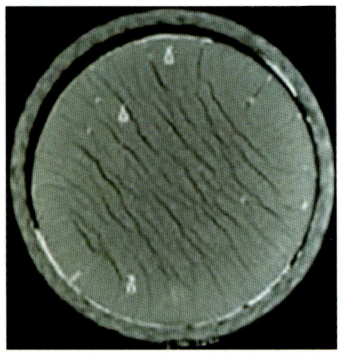

(a) 气体膨胀导致的岩心损伤(CT渲染图)　　(b) 气体膨胀导致的岩心损伤(CT灰度图)　　(c) 取心筒弯曲造成岩心损伤

图 2.9　取心过程中外部影响造成的岩心损伤 CT 扫描结果

## 2.5.4　岩心出筒

在保形取心工具出心过程中，将取心工具外筒放进鼠洞中并打紧安全卡瓦。从安全接头下端位置卸开外筒，用专用提环提出装有岩心的内筒或装入专门的内筒转运篮，并采用两端悬吊方式吊运至场地上（图 2.10），在搬运和吊装过程中，必须始终保持缓慢匀速，防止岩心筒摇摆碰撞，否则取心筒可能弯曲，造成岩心机械损坏（图 2.9）。

图 2.10　岩心筒由钻台吊装下放至地面

保压密闭取心工具提至钻台后，检查取心工具球阀是否关闭。证实球阀处于关闭状态后，卸松钻头，戴上护丝。将取心工具从钻台吊至场地，并运送到地面处理区域。在地面处理区域，按保压取心操作规程检查球阀密封情况。将取心内筒从外筒中抽出，关闭上部内筒压力保护机构，对测量机构进行泄压之后，拆除测量机构，取出测量仪器。读取压力数据，进行相关数据分析。将带压岩心筒放入液氮管进行液氮冷冻，分段切割或整体运至实验室。冷冻后的岩心及内筒，严禁皮肤直接接触，防止冻伤。保压取心现场如图2.11所示。

(a) 保压工具运至地面处理区域

(b) 读取内筒压力数据

(c) 带压岩心筒放进冷冻管

(d) 液氮冷冻岩心筒

(e) 冷冻岩心带筒切割

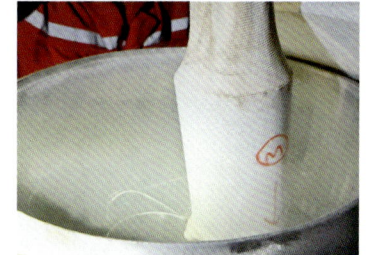
(f) 岩心样品装入液氮冷冻罐

图 2.11　保压取心现场

## 2.6　异常情况处置措施

（1）取心作业过程中，若发生溢流险情，应及时停止取心作业，上提钻具立即关井，按照现场井控应急处置程序正确处置。

（2）取心作业过程中，若发生井漏，当漏速小于 $5m^3/h$ 时，可继续观察钻进，坐岗人员加密观测液面，采取随钻堵漏措施处理；当漏速大于 $5m^3/h$ 时，应立即停止取心作业、割心作业。将钻头提离井底，采取堵漏措施，待稳定后起钻。更换光钻杆钻具，采用桥塞堵漏浆挤封堵漏。

（3）取心作业过程中，若发生卡心、堵心、参数异常等情况，应及时汇报并割心起钻检查。

## 2.7 人员配置及责任划分

（1）钻井队小班人员 5~6 人，配合取心队伍作业，值班干部、技术员 2 人，配合安全管理及工作安排。

（2）专职取心人员 3 人，全过程负责钻井取心，指导钻井队施工。

（3）录井人员 5 人，全程监控施工过程，开展工程录井，预警安全风险，并开展岩屑录井。

（4）地质人员 2 人、工程技术人员 2 人，负责岩性判别、岩心归位、岩心位置标定、确定标记位置、取样等。

## 2.8 过程控制措施要点

（1）起钻、下钻刹把操作平稳，严禁猛刹、猛放；严禁倒划眼、转盘上或卸扣等操作。

（2）勿使用工作台将管柱反向插入，防止安全接口脱出。

（3）使用相对密度较小的钻井液和低泵速通过风险较高的位置，降低卡取心筒的风险。

（4）取心前确保井底清洁、有效控制井深，避免取心后出现其他潜在隐患。

（5）保形取心转换成保压密闭取心时，禁止探底，防止直径 101mm 的保形取心岩心桩堵塞直径 80mm 的保压密闭取心钻头，造成堵心。

（6）取心时，需合理设定钻压，确保取心段井眼轨迹控制合格，减少钻井液对岩心的冲刷或不必要的岩心干扰，缩短进尺或损坏岩心的风险。

（7）取心钻进时，取心筒不宜完全填充，在距取心筒完全填充 1m 时应停止，防止岩心受压损伤。

（8）为降低损失岩心风险，将循环时间限制在零或绝对最小值，除非井眼条件要求需要大量循环。

（9）在井身安全前提下，应采取一切措施避免岩心损坏。在起钻过程中，卡瓦的设置和对液压大钳的操作应尽量轻柔，避免岩心损伤。

（10）出心过程中必须始终保持缓慢匀速，做好岩心支撑，防止岩心筒摇摆碰撞，杜绝取心筒弯曲造成岩心机械损坏。

（11）通井扩径时不应扩至井底，在距井底 1m 时应停止，防止岩心桩被破坏，造成岩心不连续。

## 2.9 参数设置依据及注意事项

### 2.9.1 钻机选型

考虑井深（2000～3000m）、取心长度（300～400m），钻机安全负荷系数取 1.8，经计算钻机最大负荷为 190.08t，考虑压后取心可能出现异常压力风险及施工摩阻等因素，选用 ZJ40 钻机，同时为便于取心参数的设定及提高处理井下复杂的能力，采用带顶驱电动钻机。

### 2.9.2 取心内筒选择

一般保形取心采用铝合金或玻璃钢内筒，铝合金内筒取心长度大，但无法带筒对岩心进行 CT 扫描；玻璃钢内筒可以带筒进行 CT 扫描，但单次取心长度小。考虑以上问题，本次取心创新采用双内筒进行取心，即不锈钢内筒中加一层 PVC 保护筒。这样不仅保证了复合取心筒的强度符合取心要求，同时出心后 PVC 保护筒可随岩心一起从钢内筒取出，既实现岩心保形要求，又可满足后期各项实验要求。

### 2.9.3 排量选择

裸眼段井壁稳定性和流体环境等都会对取心参数产生影响。水力压裂后的压裂缝发育段需要适中钻压、转速和更高排量，以防止井壁坍塌和卡钻等事故的发生。以满足环空携岩要求、保证井下安全为前提，减少钻井液污染岩心为重点，取心前循环排量推荐值为28～30L/s，取心钻进排量/割心后循环排量推荐值为22～28L/s。

### 2.9.4 转速选择

取心筒横向振动载荷、横向振动幅度越小，取心筒摆动对岩心破坏越小。取心钻进顶驱转速推荐值为45～60r/min。

### 2.9.5 钻压选择

根据取心段井眼轨迹控制的需要选择钻压。配合降斜/稳斜/增斜取心工具组合，通过钻压大小控制取心钻头及取心工具的走向，最终控制取心段井眼轨迹。降斜、稳斜、增斜钻进钻压推荐值分别为25～35kN、40～60kN、60～90kN。

### 2.9.6 岩心分割长度确定

按照长庆油田通用岩心盒长度（1m），考虑到观察、测试、运输等因素，按照0.8m长度进行岩心分段。

# 3 岩屑录取与支撑剂识别

## 3.1 仪器设备概况

录井设备是由中国石油集团渤海钻探工程有限公司第二录井分公司自主开发设计的"陆地综合实验仓",集成了元素、地球化学、岩屑成像等录井新技术设备。其中,综合色谱数据分析仓采用BH-SKP氢焰色谱仪、BH-SKP气体预处理器进行气体分析,分析周期为15s一次,领先于其他设备30s的分析周期,可以快速判断井筒返出气体组分及百分比含量。BH-WISDOM综合录井仪如图3.1所示。

图 3.1 BH-WISDOM 综合录井仪

## 3.2 岩屑的筛选和处理

该项工作进入目的层即开始,直至取心工作全部结束。对捞砂人员送来的10g岩屑用洗洁精进行二次清洗,保证岩屑露出本色(图3.2)。录井人员对捞取的岩屑进行烘干、研磨、分选,通过荧光照射岩屑、制作点滴系列等工作,初步判断含油级别,如图3.3所示。

(a) 采集工清洗岩屑作业　　　　　　　　(b) 清洗后的岩屑

图 3.2　岩屑清洗

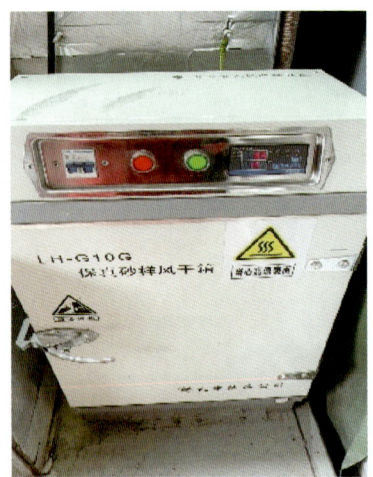

(a) 岩屑烘干作业　　　　　　　　(b) 岩屑湿照

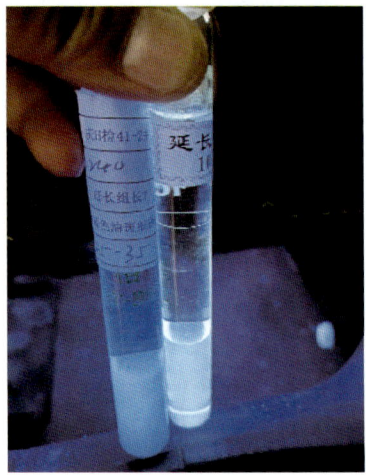
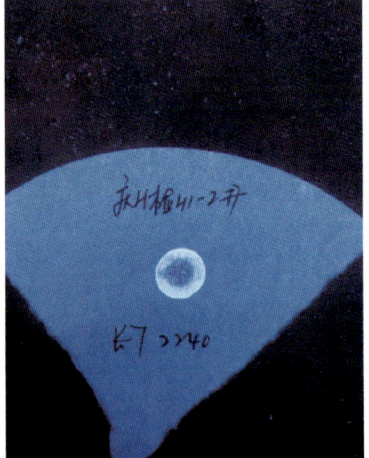

(c) 系列对比　　　　　　　　(d) 点滴照片

图 3.3　岩屑处理及含油性判断

岩屑取样：岩屑采样间隔为每米一包，取心段采用人工捞取方式，非取心段采用自动捞砂机取样，如图 3.4（a）所示。

岩屑清洗：人工采集井段，岩屑使用清洗剂采取"轻搅慢拌""多次漂洗"的方式进行，避免岩屑流失，清洗应充分显露岩石本色，以不漏掉油气显示、不破坏岩屑及矿物为原则。

岩屑烘干：清洗完成后，在环境条件允许情况下应采取岩屑自然晾干，并避免阳光直射，否则可采取风干或烘烤干燥方法，烘烤岩屑应控制温度不大于 80℃，严禁岩屑被烘烤变质，时间控制在 20～40min 之间。

岩屑装袋封装：烘干后及时称重，分出 10g 送入化验室化验，剩余部分装袋贴标签保存，如图 3.4（b）所示。

(a) 振动筛处岩屑收集　　　　　　　　　(b) 岩屑封装

图 3.4　岩屑的收集和封装

支撑剂观察：岩屑样品开展岩屑成像、显微镜下识别实验，观察是否含有支撑剂及支撑剂的含量。

## 3.3 支撑剂的识别

### 3.3.1 岩屑成像扫描

岩屑成像扫描使用 LH-ZDTC 岩屑成像分析仪（图 3.5）。该仪器具有白光、荧光两种图像采集模式，可对岩石样品进行多种放大倍数成像，同时具备自动对焦和自动曝光功能，既可满足对样品进行大视域观察，又可以对局部进行显微放大观察。同时，该仪器具备多种图像分析功能和信息通信能力，可以实现图像及分析数据远程传输。该仪器数据采集速度快、可靠性强、体积小、质量轻、操作灵活，适用于野外条件，方便录井人员对岩石样品进行成像分析，确保资料的准确性和完整性。

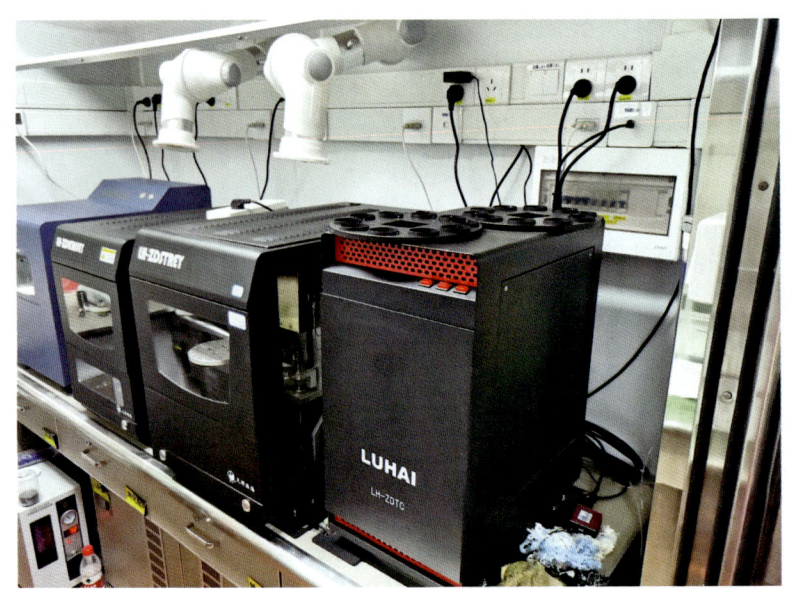

图 3.5 岩屑成像分析仪外观

采用 40 目、80 目、120 目分级筛分选后的岩屑在成像设备上分析（图 3.6）。取用 2～3g 干净岩屑成像扫描，完成后将样品进行装袋标记（时间、井段），留存照片每米一次。具体操作规程如下：

（1）制样：将录井产生的所有烘干岩屑样品放入 20～140 目组筛底盘中，

手动旋转摇筛 3min，将 20～140 目样品称量备用。备用样总质量尽量大，一般不少于 100g。

（2）样品观察统计：取适量 2～3g 20 目以上样品，放置于岩屑成像系统中扫描，然后在镜下观察、记录支撑剂的颗粒数量，观察后将所有样品收集放回原样品袋，严禁丢弃。

注意每次筛分前需要将筛网清理干净，将清理后的样品放入对应的样品袋中。严禁使用存留岩屑颗粒的筛网交叉筛分，杜绝外部颗粒混入。

每个样品均详细记录样品序号、取样日期、层位、是否含有支撑剂等信息。

图 3.6　岩屑成像系统及支撑剂镜下识别

## 3.3.2　支撑剂镜下识别

取用 2～3g 干净岩屑，放置在显微镜下进行拍照，通过圆球度、颜色进行石英砂识别（圆球度较好的黄色、土黄色、绛红色，或带指示覆膜的红色、绿色、蓝色），完成后将样品进行装袋标记（时间、井段），其中支撑剂镜下图像识别方法如下：

（1）20～40目，放大10～20倍，颜色呈现乳白、白色、棕黄色、黄色、黑色、肉红色等，完整的颗粒具有一定的圆球度，无棱角；由于钻井或其他外力造成的颗粒破碎，端口呈现明显的贝壳状断面，颗粒另一面则表面相对光滑，一般无棱角，且常有自然形成的碟坑。

（2）40～70目，放大20～30倍，颜色呈现乳白色、棕黄色、黄色、黑色、肉红色等，具有一定的圆球度和棱角，表面比较光滑，线条柔和，无明显贝壳状断口，与砂岩钻井岩屑相比，透光或透明度差。

（3）70～140目，放大30～50倍，完整的颗粒和砂岩岩屑与40～70目类似，破碎后的颗粒只能将规格定位到70～100目范围，且需要荧光辅助排除含荧光岩屑影响。

### 3.3.3 岩屑分级筛选及支撑剂统计

#### 3.3.3.1 制样

将录井处理好的所有烘干岩屑样品放入16目—20目—40目—70目—140目—底盘组筛中，手动旋转摇筛3min，将20～140目样品称量装入样品袋，其余样品集中称量后交回录井队保管。样品袋标记深度、层位、质量及区间外样品质量。

#### 3.3.3.2 分样

将上一个步骤的样品用分样器均匀混合后（不少于6次），用分样器分样称取50～60g，放入组筛40目—70目—140目—底盘，手动旋转摇筛3min，分成三种规格样品，并记录各区间样品质量。

#### 3.3.3.3 观察样品统计

（1）将40目以上样品用分样器进一步分减成约10g，并分成约10等份进行镜下观察，记录支撑剂的颗粒数量。

（2）将40～70目样品用分样器进一步分减成约5g，并分成约10等份进行镜下观察，记录支撑剂的颗粒数量。

（3）将70～140目样品用分样器进一步分减成约2.5g，并分成约5等份进行镜下观察，记录支撑剂的颗粒数量。以上数据计入电子版日志，手写版与电子版一一对应。

从足够的备用样中选出10g左右岩屑，分10等份左右在显微镜下放大倍数40倍以上，用毛刷、镊子对石英砂和岩屑进行人工分离，进行分离称量、记录，并对分离样品进行装袋标记。

裂缝中的石英砂要在拍照完成后（要求有方向标识），收集装袋标记，尽可能在室内实验室进行精细评价；使用塑料刮板获取密闭岩心筒中的岩屑后，按照上述步骤处理程序进行；其他程序中从钻井液中获取的岩屑按照对应深度一并保存。

每个样品详细记录：序号、取样日期、取样时间、压裂段、钻取深度。

## 3.4 钻井液示踪剂录取

### 3.4.1 仪器设备概况

示踪剂监测采用电感耦合等离子体质谱仪（ICP-MS2000B）进行水相示踪剂分析测试（图3.7）。通过水溶性示踪剂进行浓度检测，可分析水中65种元素含量。

图3.7 电感耦合等离子体质谱仪（ICP-MS2000B）

#### 3.4.1.1　设备参数

灵敏度：Li≥20Mcps❶/$10^{-6}$；In≥100Mcps/$10^{-6}$；U≥100Mcps/$10^{-6}$。

随机背景：≤2cps（220amu❷）。

氧化物离子：$CeO^+/Ce^+$≤3%。

双电荷离子：$70Ce^{2+}/140Ce^+$≤3%。

仪器检出限：Li≤3ng/L；In≤1.0ng/L；U≤1.0ng/L。

稳定性：用含有 Li、In、U 的 10μg/L 混合溶液浓度的 RSD（相对标准偏差）来表示，要求短期稳定性 RSD≤2.5%，长期稳定性 RSD≤3%。

检测器最小数据采集时间：脉冲模式的最小数据采集时间为 100μs，模拟模式的最小数据采集时间为 100μs。

#### 3.4.1.2　设备组成

电感耦合等离子体质谱仪主要包括进样系统、离子提取系统、离子透镜系统和四级杆质量分析器。

检测原理：水样经预处理后，样品由载气带入雾化系统进行雾化后，以气溶胶形式进入等离子体的轴向通（进样系统），在高温和惰性气体中被解离、原子化和电离（离子），转化成的带电荷的正离子经离子采集系统进入质谱仪（离子提取系统、离子透镜系统），质谱仪根据离子的质荷比（即元素的质量数）进行分离并定性、定量分析。

（1）进样系统。

进样系统的主要目的是将液体样品转化为气溶胶，并将小液滴有效地输送到等离子体中心，同时除去那些在等离子体中不能充分分解的大液滴。

（2）等离子体。

样品小雾滴进入等离子体被干燥，干燥后的样品颗粒被等离子体分解形成原子（原子化），原子必须离子化，样品原子失去一个电子形成离子。

---

❶ 1Mcps=$1×10^6$cps，cps 即计数率（counts per second）。

❷ amu 为原子质量单位，1amu 等于 $^{12}C$ 原子质量的 1/12。

(3)真空接口。

等离子体中产生的正电荷离子经过一对接口"锥"被提取进入真空系统。这一对锥实际上是中心带小孔的金属圆盘，离子可以从小孔中通过，小孔直径约为1mm甚至更小，以保持质谱仪中的高真空状态。

(4)离子聚焦。

通过透镜使得离子在真空系统进入质谱仪检测器的过程中聚焦为紧凑的"离子束"，离子透镜将离子从光子和残留的中性微粒中分离出来。离子透镜利用电压来控制离子轨迹，配有高效率的六极杆离子引导装置，多组离子透镜不断聚焦，确保离子传输效率最大，二次离子偏转透镜结构设计理念，最大限度降低背景噪声，消除由等离子体炬焰引起的光子和其他中性分子产生背景噪声干扰。

(5)离子分离和测定系统。

四极杆采用直流电场和交流电场的交互作用将质荷比不同的粒子分开。由于等离子体产生的基本上都是单电荷离子，离子的质荷比等于离子的质量，因此光谱图很简单。直流电场和交流电场是固定的，但电压可改变。在一个设定的电压下，仅有一种质荷比的离子可以稳定地穿过四极杆进入电子倍增检测器，四极杆质量过滤器能够快速地对质量数在2~260范围内的离子进行扫描。

## 3.4.2 样品采集

岩心裂缝示踪剂样品采集主要将裂缝面在清水晃动、冲刷、浸泡12h（图3.8），现场取样混合液不少于100mL，不必用滤纸过滤泥沙或静置。每个样品详细记录：序号、取样日期、取样时间、压裂段、钻取深度。

## 3.4.3 样品测试

### 3.4.3.1 制液

将原始样品加入5%硝酸溶液加热硝解2h，冷却后用0.45μm的水性滤膜和一次性针管进行过滤。一般过滤2~3次，得到澄清的样品，预存储在贴有对应样品编号标签的塑料试管中（图3.9）。

(a) 浸泡　　　　　　　　　　　　　(b) 取样

(c) 样品

图 3.8　裂缝浸泡、冲刷、取样

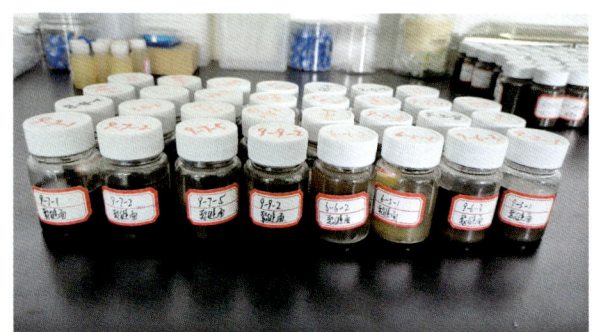

图 3.9　样品预处理和制液

3.4.3.2 硝解

根据稀释倍数，计算并加入适量的超纯水及优级纯硝酸溶液后定容。准确量取 100.0mL±1.0mL 摇匀后的样品于 250mL 聚四氟乙烯烧杯中（视水样实际情况，取样量可适当减少，但需注意稀释倍数的计算），加入 2mL 硝酸溶液和 1.0mL 盐酸溶液于烧杯中，置于电热板上加热硝解（图 3.10）。硝解时，烧杯应盖上表面皿或采取其他措施，保证样品不受通风柜周边环境的污染。持续加热，保持溶液不沸腾，直至样品蒸发至 20mL 左右。在烧杯口盖上表面皿以减少蒸发，并保持轻微持续回流 30min。待样品冷却后，用去离子水冲洗烧杯至少 3 次，并将冲洗液倒入容量瓶中，用去离子水定容，加盖，摇匀保存。

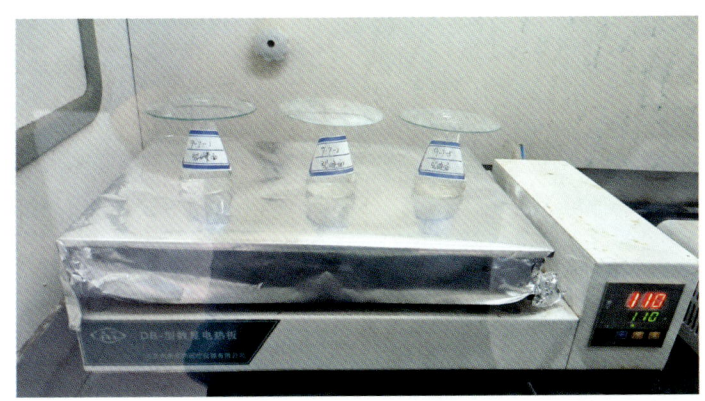

图 3.10 样品硝解

3.4.3.3 配制标准液

取待测样品的混标使用液配制成标准曲线，分别按 0μg/L、0.5μg/L、1.0μg/L、5.0μg/L、10.0μg/L、20.0μg/L、40.0μg/L、50μg/L 浓度制作标准溶液，标准曲线的 $R$ 值（相关系数）应大于 0.9999。

3.4.3.4 配制质控样品

（1）用实验室用水代替样品配制一份实验室空白样品和一份全程序空白样品。

（2）每批样品抽取 10% 配制平行样品，确保至少 1 份样品。平行样品与样品检测的相对偏差应小于 20%。

（3）每次检测需配制一份浓度为 10.0μg/L 的质控样品用以检测（图 3.11），来保证仪器的准确性。

（4）另外配制一份加标样品、一份重复加标样品，加标回收率控制在 70%～130% 之间。

（5）在样品及标准内引入内标元素加以控制，内标回收率控制在 80%～120% 之间，这样能更有效地保证检测结果的准确性。

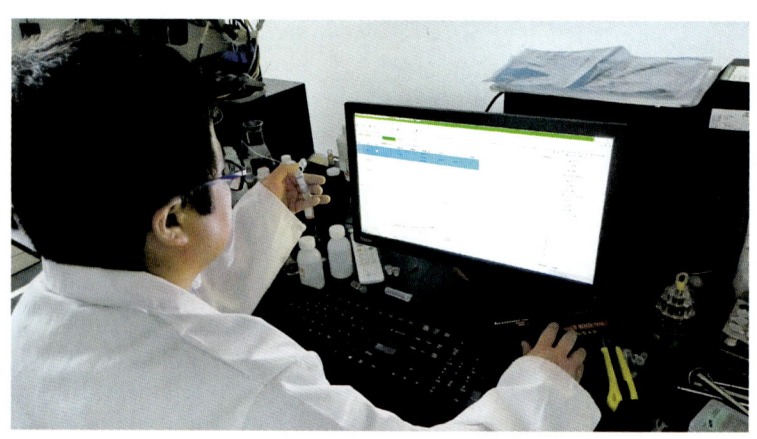

图 3.11　样品上机检测

## 3.5　人员配置及责任划分

（1）岩屑捞取、支撑剂识别可由录井队伍完成，现场操作人员 4 人，其中岩屑捞取 3 人，支撑剂识别 1 人。

（2）钻井液录取及实验现场操作人员 3 人，其中钻井液录取 2 人，实验化验 1 人。

## 3.6　参数设置依据及注意事项

### 3.6.1　参数设置的依据

（1）根据被检测井的泵注支撑剂规格确定试验筛网的上限筛、下限筛组合。

（2）岩屑支撑剂的直径大于 425μm，显微镜的放大倍数为 20～30 倍；直径小于 425μm，显微镜的放大倍数为 40～50 倍。

### 3.6.2 注意事项

（1）岩屑支撑剂必须人工筛分，防止筛网卡颗粒。

（2）保障岩屑、支撑剂拍照标准统一，不遗漏照片，有特殊显示岩屑或破碎支撑剂，留存照片并标注。

# 4 岩心处理与裂缝描述

## 4.1 岩心出筒

### 4.1.1 岩心筒吊装与放置

岩心出井后吊装至井场平放,卸去取心内筒。将PVC保护筒从取心内筒缓慢取出,做好PVC内衬筒支撑,平整搁置于支架上,防止岩心机械损坏(图4.1)。作业完后检查取心工具及钻头,清洗更换部件,完成工具保养和装配。

(a) 取心筒放置平整

(b) PVC保护筒取出

(c) 岩心硬支撑支架

图 4.1 岩心吊装及放置照片

## 4.1.2 岩心归位

取出 PVC 保护筒后,地质人员观察岩心两端岩性及裂缝发育情况,记录观察结果。地质研究人员依据沉积构造、岩性变化等特征判断岩心顶底面(图 4.2),将岩心归位。

图 4.2 岩心顶面方向确定

## 4.1.3 岩心丈量和标记

录井人员用钢卷尺或皮尺在筒外丈量岩心总长度。测量深度应扣除取心筒顶部空余(图 4.3)。岩心 PVC 保护筒外注明顶底方向、井段深度、切割位置、

图 4.3 岩心测量去除顶部空余

编号。在 PVC 保护筒外壁顶面画标记线，一般标记在岩心筒上面，箭头标示底深方向（图 4.4）。以 0.8m 为间隔确定分段位置。

图 4.4　岩心丈量及标记照片

### 4.1.4　岩心伽马初测

在井场上用便携伽马测量仪进行伽马初测。根据预判的岩性设置扫描间隔，一般砂岩段设置 40cm 间隔，泥页岩段设置 20cm 间隔，砂泥岩互层段设置 5cm 间隔，切割段长 80cm。岩心伽马能谱测量如图 4.5 所示。

图 4.5　岩心伽马能谱测量

### 4.1.5　岩心筒分段

为了便于岩心搬运，防止易碎、易裂岩心损坏，使用高速切心工具沿标记位置将取心内衬筒切割成 0.8m 长分段（图 4.6）。切割过程中要固定好 PVC 保护筒，避免保护筒转动，损坏裂缝形状，及时喷水，避免旋转以及切割过程中产生火花。可以小角度（不垂直于取心筒内筒）切割取心内衬筒和岩心，以确保岩心能够在实验室中以正确的方向重新拼接在一起。切割后的岩心及其断面标记分别如图 4.7 和图 4.8 所示。

将切割后的岩心段放置于标号的专用岩心盒内，两端加装封盖，方便运输并避免岩心筒内流体散失。

图 4.6　岩心切割

图 4.7　切割后的岩心

图 4.8 岩心切割后断面标记

## 4.1.6 岩心段运送

岩心段由人工搬运至岩心工作区，减少震动带来的形变。搬运过程中应轻拿轻放。根据场地情况也可采用悬架较软车辆运送，运送车辆装载室须铺设泡沫板，减少震动。

# 4.2 开筒观察

## 4.2.1 岩心筒横剖

岩心切段后，应首先进行核磁共振和 CT 扫描（具体见第 5 章），然后横剖进行观察描述（图 4.9）。

图 4.9 岩心筒剖切

将岩心筒段放置于专用横剖工具轨道上，按段号次序摆放，标记线向上。用切割工具将岩心筒横剖为两半。横剖前应开展试验，确保横剖工具不伤到内部岩心。

### 4.2.2 岩心筒打开及岩心清理

开筒之前岩心描述人员首先对顶、底、侧面分别拍照记录。开筒后，不移动岩心，首先对岩心进行原位拍照，在裂缝处精细拍照记录。然后移动岩心初步观察，判断并记录岩性及裂缝发育特征（附表3，附表4）。记录内容包括岩性、裂缝类型、裂缝深度、缝面钻井液附着或侵入程度、缝面有无充填物、缝面有无肉眼可见支撑剂等，依次拍照记录，确保留存原始岩心记录，保证后续研究分析的准确性。横剖岩心筒后，由示踪剂检验人员收集PVC保护筒内壁附着的钻井液，并在样品上标记对应的裂缝编号，用于示踪剂检测实验。该流程相关照片如图4.10至图4.13所示。

图 4.10　内壁样品收集

图 4.11　拍照观察

图 4.12　岩心原位观察

图 4.13　岩心清理及归位

## 4.3　岩心清洗

样品收集完毕后，录井人员清理岩心。首先，用清水将岩心表面擦洗干净（图 4.14），确保清洗过程温和，以避免对岩心结构造成破坏。清理过程中，录井人员应保持岩心的稳定性，防止岩心在清洗过程中发生移动或断裂，从而确保裂缝形状和其他结构特征不受影响。清洗过程中，若看到缝面钻井液有疑似支撑剂出现，应立即停止清洗，及时取样，并拍照记录疑似支撑剂的具体位置和形态。

清洗完毕后，岩心需在自然通风环境下晾干，避免阳光直射。需对清理干净的岩心再次进行详细的拍照记录，记录应包括岩心的整体外观和其他显著特征，以备后续分析和研究使用。

图 4.14　岩心清洗

## 4.4 岩心标记

岩心清洗并晾干归位后,录井人员应精确测量岩心段长度。测量应从岩心段的前端开始,逐段进行,确保每一段的长度和位置都符合相关标准。岩心顶面朝上,位置摆齐后再进行标记。在标记过程中,应使用合适的工具和方法,以避免对岩心表面造成损伤。

岩心段的标记应确保清晰且持久,通常采用喷涂标号的方法。喷涂标号应均匀、规范,底色为白色,标记为黑色,确保在任何条件下都能清晰辨认(图4.15,图4.16)。标号应具有井名、段号、长度等有效标记信息。完成标记后,还需对标记的准确性进行复核,确保无误后,方可进行下一步的分析和保存。对人工裂缝进行编号,方便后续裂缝测量结果与前期描述对应。裂缝编号采用三段数字编号,例如裂缝编号为4-9-1,第一个数字为取心次数,第二个数字为分段号,第三个数字为小段内裂缝序号。

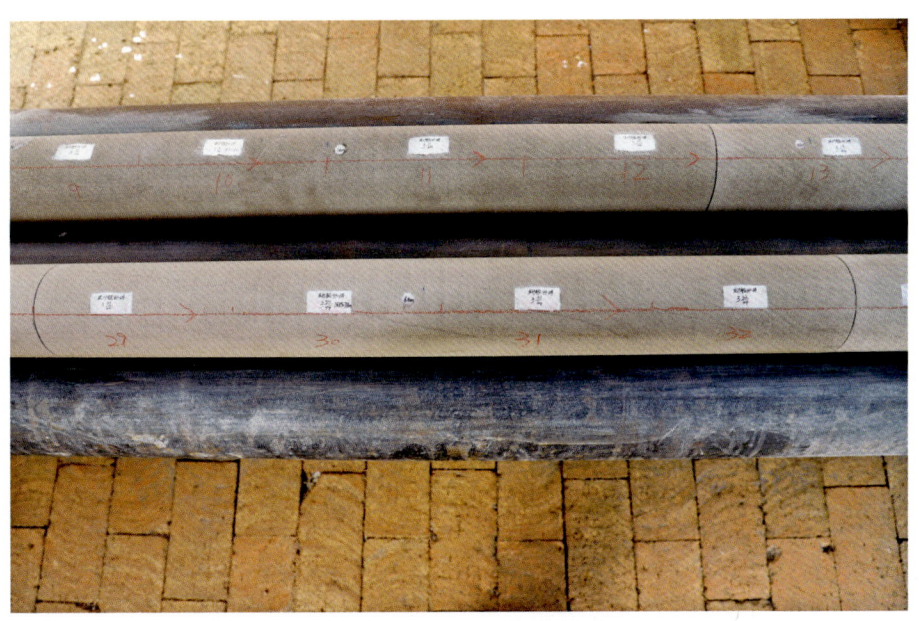

图4.15 岩心分段标记

图 4.16　岩心标号

## 4.5　岩心精细观察拍照

### 4.5.1　岩心观察拍照

清理干净、标号清楚的岩心，由地质及工程技术人员开展岩心精细描述（图 4.17）。描述内容包括：岩性组合，沉积构造，岩心自然断面；判断天然构造裂缝、层理缝、水力裂缝；对岩心裂缝进行描述，包括裂缝位置、条数、开合程度、充填物是否为支撑剂，并对裂缝性质（天然裂缝还是人工裂缝）作出判断，建立 1∶100 的岩心柱状图，记录裂缝深度及岩性变化深度。

图 4.17　岩心精细描述

## 4.5.2 岩心整理和摆放

将观察后的岩心整理好放置于岩心盒内，随后开展后续测试（图 4.18）。

图 4.18 观察后岩心归位放置

## 4.6 裂缝测量

### 4.6.1 裂缝观察及编号

地质及工程研究人员现场观察和测量裂缝产状及裂缝编号，记录裂缝面特征（图 4.19，图 4.20，附表 4）。将岩心顶面朝上摆放整齐后，统一在岩心正上方测量每一条裂缝的深度；观察裂缝发育情况，并对裂缝面钻井液支撑剂等开展样品收集工作，送至化验室开展示踪剂识别实验。

图 4.19 岩心裂缝测量

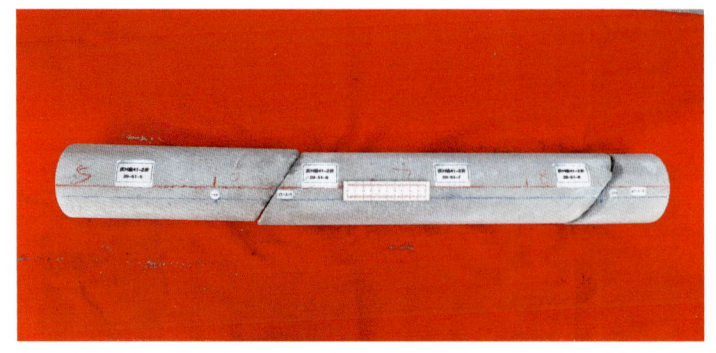

图 4.20 裂缝编号

### 4.6.2 岩心产状测量

#### 4.6.2.1 现场测量

（1）将岩心放平，根据火焰状构造、层理与岩心关系判断岩心顶底面。（2）测量裂缝与岩心相交线最大深度值、最小深度值、偏转弧长（图 4.21，附表 5）。其中，偏转弧长为最大深度值与顶面线的弧长，由此计算裂缝倾角、偏转角。（3）根据该段的水平井轨迹走向、倾角，计算真实地层状态下的裂缝走向、裂缝倾角。

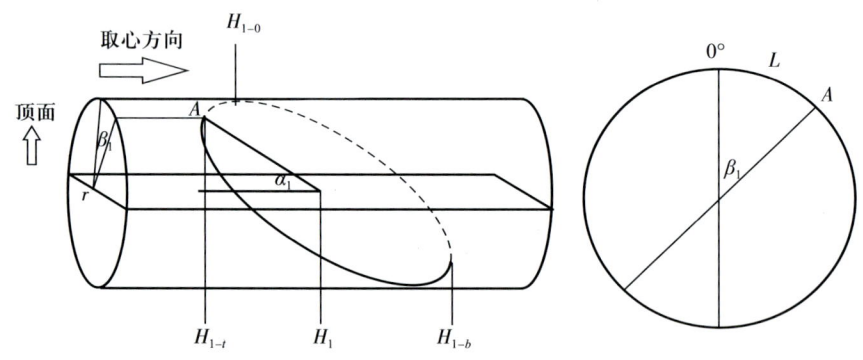

图 4.21 裂缝测量示意图（现场测量）

$H_{1-0}$ 为第一条裂缝的 0°位置深度，m；$H_{1-t}$ 为第一条裂缝顶部深度，m；$H_{1-b}$ 为第一条裂缝底部深度，m；$H_1$ 为第一条裂缝在岩心中的平均深度，m；$r$ 为岩心的半径，m；$A$ 为裂缝面与岩心外圆柱相交的最小值位置；$L$ 为 $A$ 点与 0°线之间的弧长，m；$\beta_1$ 为第一条裂缝弧长 $L$ 对应的角度，(°)

#### 4.6.2.2 室内测量

借用数字化平台裂缝测量工具，使用岩心白光扫描图片进行测量：（1）根据层理结构找到岩心的顶面位置,用红线进行顶面标记,校正到中部;(2)测量裂缝最大深度值、最小深度值(图 4.22),其中红线与黄线中间为偏转弧长;(3)计算出裂缝产状。

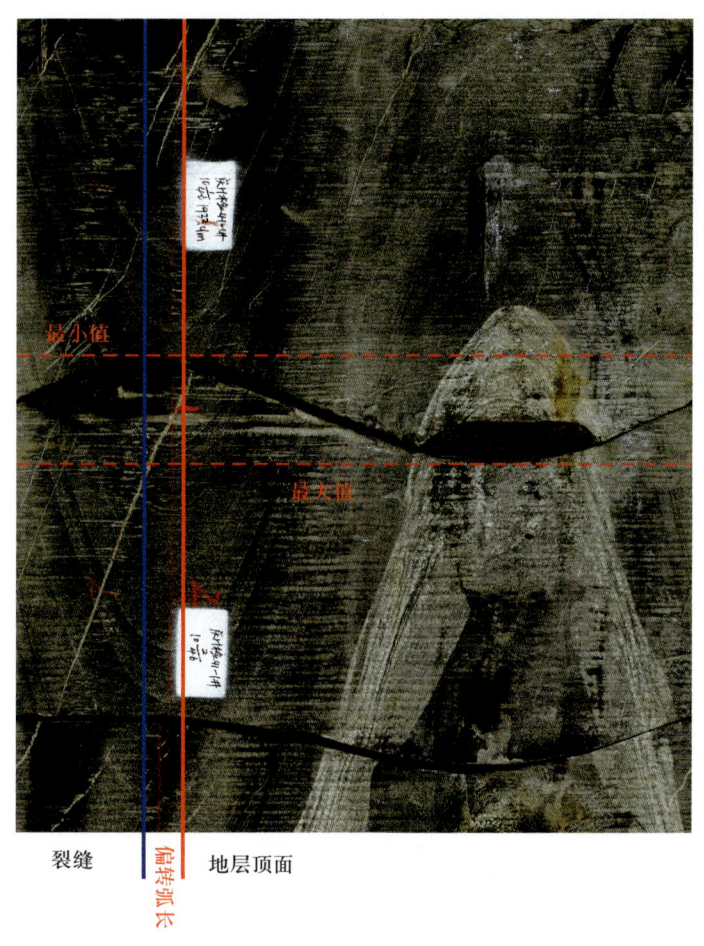

图 4.22　裂缝测量示意图(室内测量)

## 4.7　岩心精细描述

在岩心精细描述之前,先检查本次观察岩心的取心次数、井段、进尺和岩心长度是否正确。然后将岩心按顺序摆放好,岩心顶面在上、底面在下,岩心中心顶面方向标记红线位于岩心中轴,并平行于地面,岩心对齐,破碎岩心摆放整齐。观察描述岩心宏观特征(图 4.23,图 4.24),包括:(1)岩性特

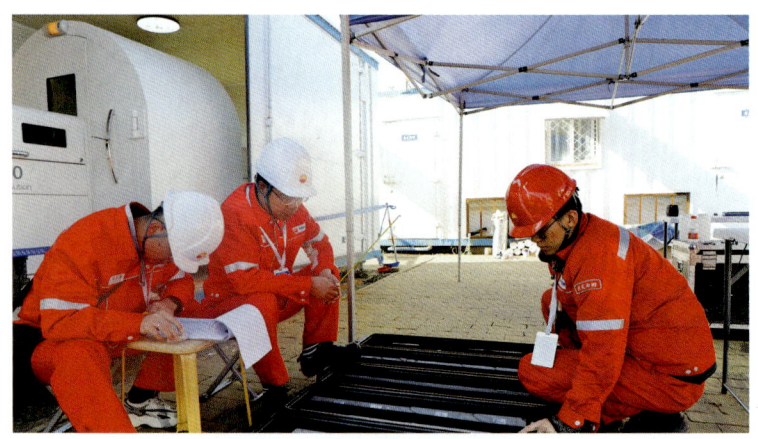

图 4.23　现场岩心观察照片

图 4.24　现场岩心记录本照片

征，如岩石的颜色、粒度大小、矿物成分、胶结物及特殊矿物等；（2）沉积构造特征，如各种层理面构造特征及动植物化石；（3）含油气性特征，油味是否浓，必要时可在平整新鲜面上做滴水实验；（4）裂缝发育情况，初步判断裂缝性质；（5）对于厚度大于5cm的一些特殊现象进行重点观察，使用5cm的比例尺进行精细分段观察描述，着重描述各种沉积构造发育的规模大小；（6）着重对各类型的裂缝进行精细表征并记录，如裂缝性质、断面形状特征、裂缝方向、是否被钻井液浸染、有无肉眼可见的支撑剂等。使用统一图例绘制岩心柱状图，将特殊现象点及取样点标记在对应深度位置，方便后续室内研究工作。

## 4.8 人员配置及分工

（1）岩心出筒取心人员5名，分别负责岩心筒抽出、岩心位置转动、岩心筒切割等。

（2）录井人员5名，分别负责岩心丈量、标记，岩心取样记录。

（3）岩心整理、岩心清洗由录井人员负责，配置操作人员4人。

（4）开筒观察描述需要4人，负责记录、照相、描述、取样、裂缝面支撑剂显微观察。岩心清洗丈量、标记由录井队人员完成。岩心拍照观察、岩心测量、岩心描述需要2人（地质研究人员和工程技术人员）。

## 4.9 参数设置依据及注意事项

### 4.9.1 参数设置的依据

（1）岩心分段长度的确定主要考虑运输方便，并能放置到标准岩心盒中（长度1m），最终确定为0.8m。

（2）全直径采样按照每筒次1块，一般选择靠底部岩心，避免最底部岩心受钻井液浸染，同时保证取样间隔相对均匀。

（3）岩心归位主要通过层理面及切穿层理的顺序确定。

（4）岩心井场伽马复测间隔应按照复杂程度分别设置，砂岩段间隔长，泥岩段间隔短，一般间隔不宜太小，避免扫描时间过长，影响后续分析。

（5）岩心筒打开后拍照，正面、侧面都拍照，需要核对岩心原始位置。

（6）岩心标记按照由顶部至底部，箭头朝向底部。

（7）岩心描述按照厘米级描述，按照1∶10比例进行描述记录。

### 4.9.2 注意事项

（1）务必保证开筒后原位照片拍摄完整，在拍照前避免移动岩心。

（2）岩心拍照按照统一的流程顺序，保障标准统一，不遗漏照片。

（3）岩心照片的整理应及时、规范，避免遗漏。

（4）岩心裂缝面须浸泡，以增加示踪剂浓度。

# 5 岩心测试分析

## 5.1 岩心手持伽马测量

### 5.1.1 手持伽马测量简介

#### 5.1.1.1 测量原理

自然伽马测量仪利用高精度射线探测器测量岩心中的伽马射线强度,再测量标准样品的伽马射线强度,结合自然伽马标准值建立计算模型,最终计算岩心的自然伽马数值。

#### 5.1.1.2 仪器设备

自然伽马测量仪使用英国进口仪器 GMS312 伽马测量仪(图 5.1)。

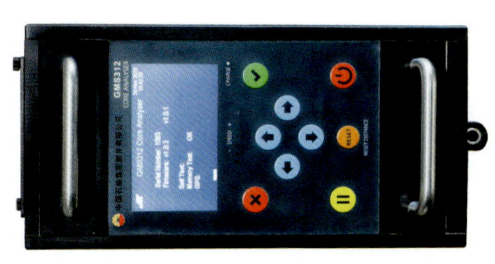

图 5.1 GMS312 伽马测量仪及岩心手持伽马测试

#### 5.1.1.3 参数设置

背景采集的采样时间设置为 30s,标样和岩心采集时间为 60s。

## 5.1.2 手持伽马测量流程

（1）测前刻度：测量之前需要先对仪器进行标定，采集标准样品和自然界的本底信号。

（2）采集参数确定：按照岩心的深度顺序将岩心归位排列好，每隔固定的深度测量一次自然伽马，采集时间或者测量速度必须与标准样保持一致（单点＞30s）。

（3）自然伽马扫描：自然伽马测量的是一段时间探测器收到的岩心伽马射线强度，动态测量时，岩心移动时间与标准样移动时间保持一致；静态测量时，单点测量时间与标准样测量时间一致，测量间隔自定义（目前默认10cm）。

（4）数据整理提交：扫描完成后马上对测量数据对照深度赋值，以确保数据准确，测量数据整理后提交。

测试结果为基于深度的单点数据。利用自然伽马总量可实现岩性的预判，从而指导岩心归位、深度校正及轨迹调整。

## 5.2 核磁共振扫描

### 5.2.1 岩心核磁共振扫描仪简介

#### 5.2.1.1 测量原理

岩心核磁共振测量原理与 NMR 测井仪相同，可以进行连续测量，并通过回波串反演，快速获得孔隙度、孔隙结构和不同类型流体分布信息。利用 $T_1$—$T_2$ 二维测量模式，进行流体类型判识及饱和度定量计算。通过采用高精度岩心步进系统＋高分辨率 $T_2$ 反演模式来实现高纵向分辨率的 $T_2$ 谱连续测量，最小纵向分辨率为 1cm。纵向分辨率可根据研究目标进行灵活调节，实现薄互层类型储层的精准测量。

#### 5.2.1.2 仪器设备

本次测试使用移动式全直径岩心核磁共振扫描仪，型号 NMRC-L。图 5.2

为井场移动式全直径岩心核磁共振扫描现场测试装备。该仪器一般测试岩心长度不超过 1m，岩心直径不超过 11.5cm。该仪器详细技术参数见表 5.1。

图 5.2　移动式全直径岩心核磁共振扫描现场测试装备

表 5.1　岩心核磁共振扫描仪主要技术参数

| 仪器技术参数 | 数值 |
| --- | --- |
| 岩心样最大直径 | 140mm |
| 岩心样最大长度 | 1100mm |
| 质子共振频率 | 6.2MHz |
| 质量 | 370kg |
| 运输尺寸（高度/长度/宽度） | 1620mm/1000mm/560mm |
| 外形尺寸（高度/长度/宽度） | 1310mm/3300mm/560mm |
| 岩心仪器精度 | 1～2mm |
| 岩心轴向空间分辨率（不低于） | 10mm |
| 横向弛豫时间（$T_2$） | 0.00006～5s |
| 纵向弛豫时间（$T_1$） | 0.000058～10s |
| 核磁共振孔隙度 | 0.1%～100% |
| 数据处理程序 | FullSizeCoreNMRDataPro（全直径岩心核磁共振数据处理程序） |

#### 5.2.1.3　参数设置

$T_2$核磁共振测量，回波个数3000个，等待时间3000ms，回波间隔0.2ms，采样间隔2cm，累加次数2次。

$T_1$—$T_2$核磁共振测量等待时间3000～0.058ms（15组），回波间隔0.2ms，回波个数3000个，累加次数4次。

一维核磁共振测量采用连续测量方式采集，二维核磁共振测量采用定点测量方式采集。

### 5.2.2　全直径岩心核磁共振扫描采集流程

#### 5.2.2.1　测前仪器校验

在测量前，提前对仪器进行预热，使仪器达到稳定工作温度32℃，相对误差小于0.05℃。对标准样进行测量，测量相对误差小于5%时才能开始岩心数据采集（图5.3，图5.4）。

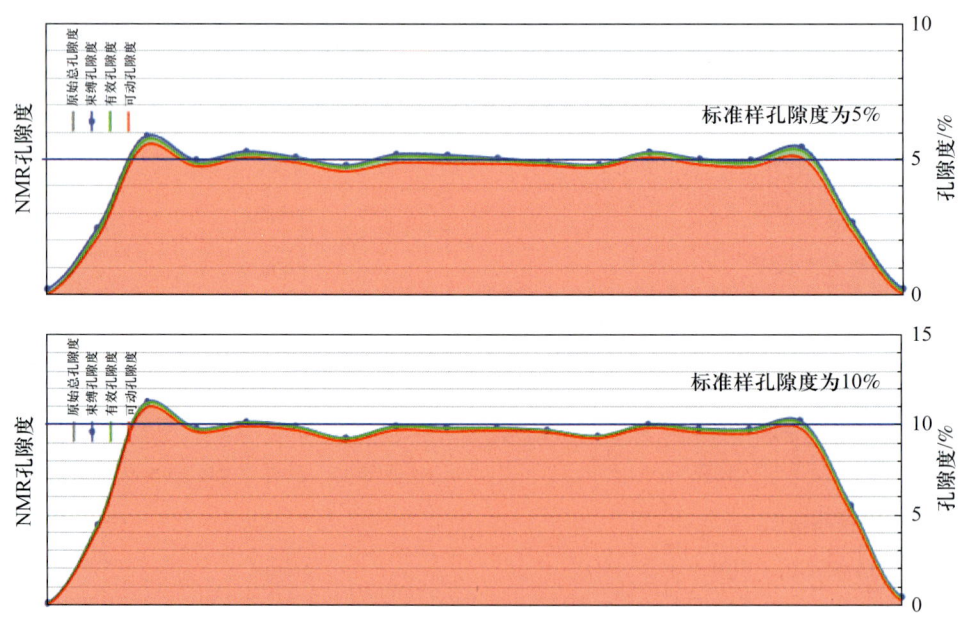

图5.3　标准样品孔隙度测量校验

#### 5.2.2.2　核磁共振测量采集参数

对照核磁共振测量设计要求，按照设计参数进行施工。

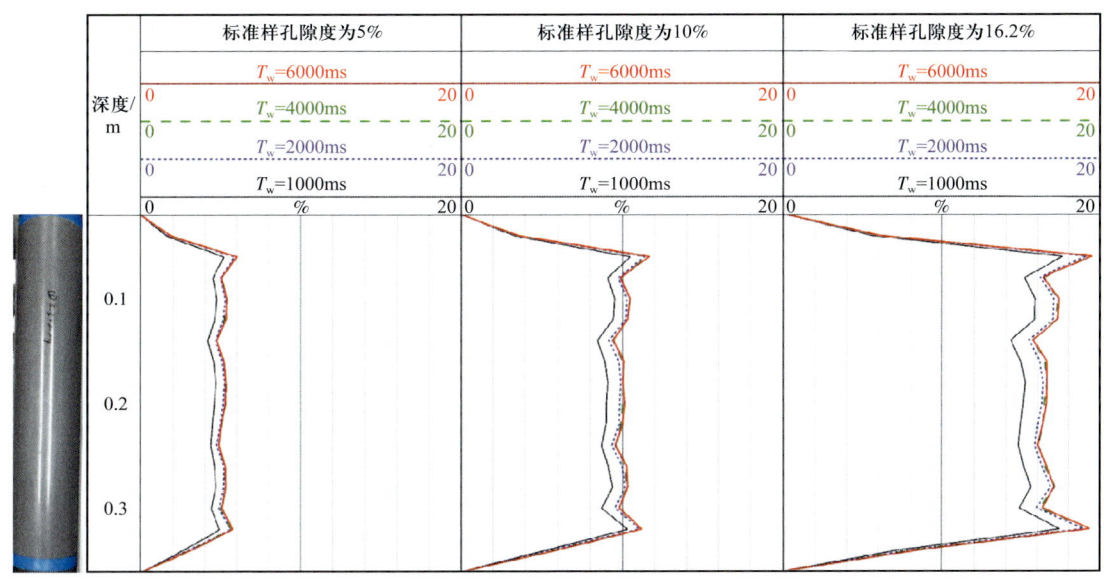

图 5.4 标准样不同等待时间下的核磁共振测量分析

$T_w$ 为核磁共振极化等待时间，图头表示极化等待时间分别为 1000ms、2000ms、4000ms 和 6000ms 时所测量的孔隙度标准样的孔隙，用于针对不同孔隙大小，选择合理核磁共振观测参数

### 5.2.2.3 测量过程

通过岩心核磁共振扫描仪对全直径岩心进行扫描，取全核磁共振扫描资料，为后续资料分析提供准确数据。

首先按照设计参数对岩心进行一维核磁共振测量，依据一维核磁共振测量结果，选取物性较好的点进行二维核磁共振测量，一般每米 2~4 个点。

$T_1$—$T_2$ 时间推移核磁共振扫描，取物性较好的一段岩心，进行时间推移核磁共振扫描，要求在前 1h 内测量次数不少于 2 次，后面每小时测量 1 次，总测量次数不少于 5 次。

### 5.2.2.4 测量质量控制

按照行业标准《岩样核磁共振参数实验室测量规范》（SY/T 6490—2023）要求，控制信噪比不低于 80dB。

一维核磁共振测量标准样孔隙度相对误差小于 5%，如果超出误差范围，需对仪器进行重新刻度。

二维核磁共振测量，原始多组回波信号应无乱序，信号衰减趋势符合指数衰减，回波信号尾部幅度衰减完全（图 5.5）。

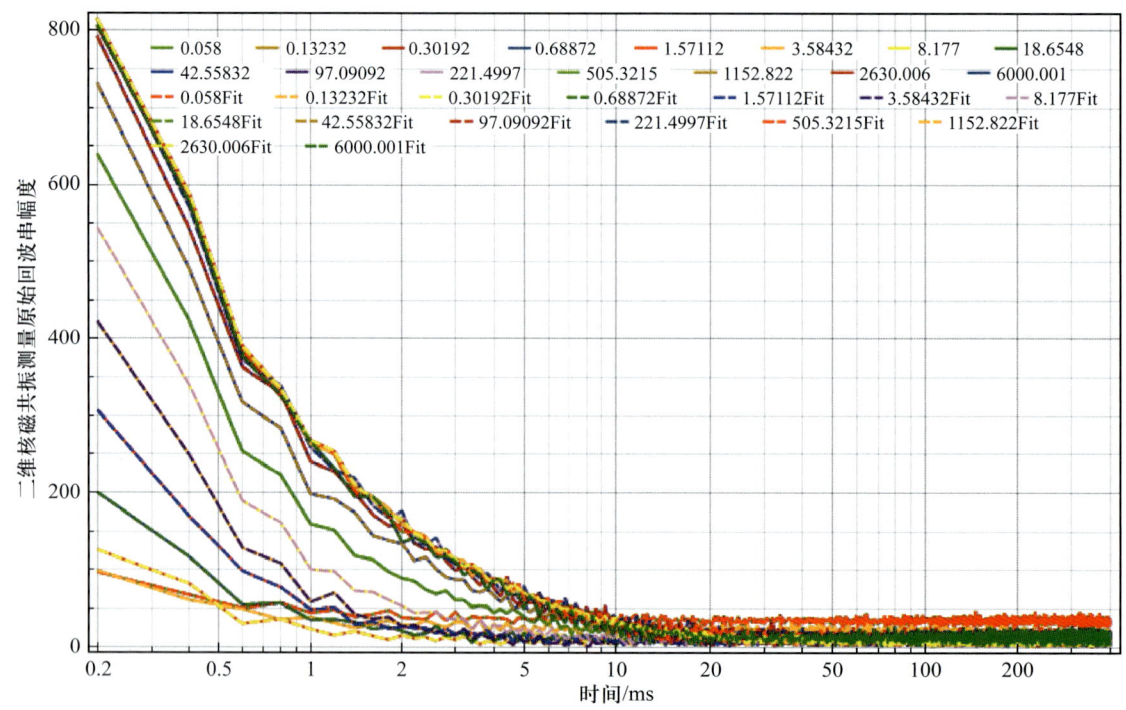

图 5.5 二维核磁共振 $T_1$—$T_2$ 多回波串质量分析

图例中的数据为二维核磁共振的多回波原始数据，不同的核磁等待时间，单位为 ms；由不同核磁共振等待时间的多组数据组成；图中核磁等待时间由 0.058～6000ms 多组数据组成，其中"Fit"指代拟合回波串

#### 5.2.2.5 数据记录标准

（1）数据采集过程中，同步做好资料记录工作。核对测量段、测量点及深度无误，确保资料的准确性。（2）按照要求收集其他相关地质资料，为后续资料处理提供完整信息，保证资料的准确性。

## 5.3 井场 CT 扫描

### 5.3.1 岩心 CT 扫描仪简介

#### 5.3.1.1 扫描原理

当 X 射线穿过物质时，不同材料吸收的 X 射线光子量（或光强）取决于材料密度 $\rho$、原子序数 $z$ 和 X 射线能量 $E$。记 X 射线源发出的射线强度为 $I_0$，当 X 射线穿过物体的路径为 $L$ 时，衰减后的 X 射线强度记为 $I_\mathrm{d}(L)$，忽略散射时有如下关系：

$$I_\mathrm{d}(L) = I_0 \exp\int -\mu(x,E)\,\mathrm{d}L \qquad (5.1)$$

式中，$\mu$ 为被测物的吸收系数；$x$ 为空间位置。

给定位置处的吸收系数依赖于不同材料的空间分布。对于简单的材料，吸收系数可以表示为

$$\mu(E) = \rho\left(a + b\frac{z^{3.8}}{E^{3.2}}\right) \qquad (5.2)$$

式中，$a$ 为一个与能量关系较弱的参数；$b$ 为常数。

综上，X 射线源发射出来的射线束，在穿过待测对象时与待测对象发生作用，且待测对象的各个部位对 X 射线的吸收率不同，最终穿过待测对象的 X 射线投射至探测器上形成透射图像。

### 5.3.1.2 仪器设备

岩心 CT 扫描仪型号为 GeoScan-200，设备如图 5.6 所示，内部结构如图 5.7 所示，该设备最高分辨率为 55μm，可对 PVC 保护筒内的岩心进行直接扫描，在保持全直径岩心原始状态下同时获取真实岩心的三维结构图像，并基于图像进行岩心内部复杂结构的数字化三维表征与分析，对测试目标特征进行评价。

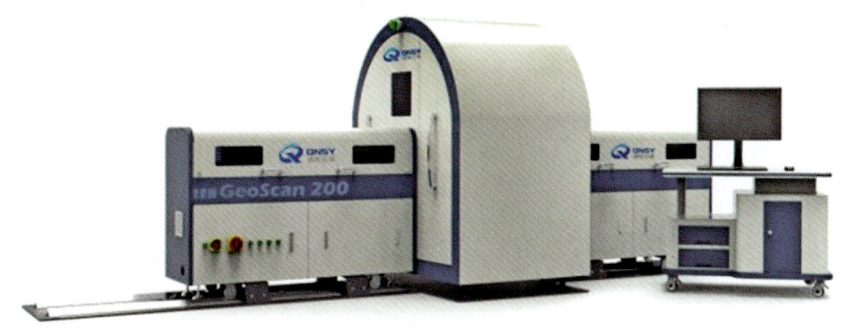

图 5.6　岩心 CT 扫描设备

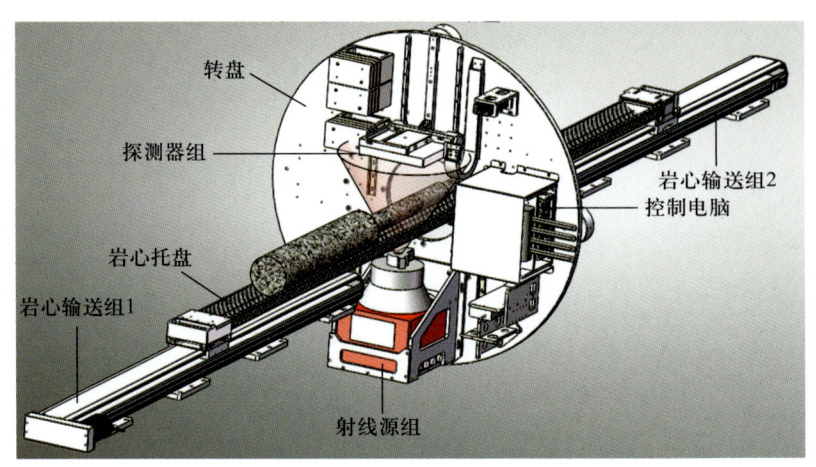

图 5.7 GeoScan-200 设备内部结构示意图

在扫描时，岩心无需做包膜等特殊处理，但扫描岩心的外形尺寸有如下限制：全直径岩心样品长度不超过 100cm，直径不超过 10cm；如果岩心外具有包裹材料，外层包裹材料应避免使用金属材料，以硬塑料类为最佳，且含包裹材料在内圆柱总直径不超过 13cm，总长度不超过 100cm。

岩心 CT 扫描设备主要技术指标见表 5.2。

表 5.2  岩心 CT 扫描设备主要技术指标

| 设备主要技术指标 | 参数 |
| --- | --- |
| 设备型号 | GeoScan-200 |
| 设备总质量 | 7.7t |
| 屏蔽系统质量 | 6.3t |
| 检测平台质量 | 1.4t |
| 外形尺寸 | 5870mm×1600mm×1700mm |
| 可测样品直径 | ≤120mm |
| 可测样品长度 | ≤1000mm |
| 最大检测样品质量 | 80kg |
| 扫描分辨率 | 高达 55μm |
| X 射线源电压 | 40～200kV |
| 探测器成像面积 | 244mm×195mm |
| 像素矩阵 | 1920×1536 |
| 扫描速度 | ≤15min/m |
| 多种扫描成像形式 | 圆柱扫描、螺旋扫描 |

5.3.1.3 参数设置

本次水力压裂试验场岩心扫描，射线源电压 200kV，电流 0.65mA，扫描分辨率为 55μm。采用螺旋扫描方式，扫描速度 2.5～3h/m。

## 5.3.2 岩心 CT 扫描流程

（1）按照标记由浅到深的顺序将岩心带筒放置在岩心床上。在岩心床上铺好防滑垫，防止岩心转动翻滚和钻井液流出污染到岩心床上（图 5.8）。

图 5.8 岩心样品效果图

（2）给设备通电，通过岩心床将岩心样品输送至探测器可视范围内。开启射线源，根据软件显示穿透率的大小、光子计数和扫描时效性，选取适宜的扫描参数与滤波片种类及厚度。

（3）扫描参数确定后，通过软件将样品顶部调整至探测器显示中心（图 5.9），通过软件自身功能记录样品长度，保证扫描范围长度必须大于岩心长度。

（4）在确保设备自身辐射防护断电保护装置、外置辐射剂量仪与计量相关装置工作正常的情况下，开始扫描。

图 5.9 样品显示调整

（5）扫描完成后，获得样品在不同角度的透射图。对于总长度 80cm 的样品旋转 13 周，每旋转一周获得 1080 张透射图（图 5.10），这些图像会作为图像三维重构的基础。

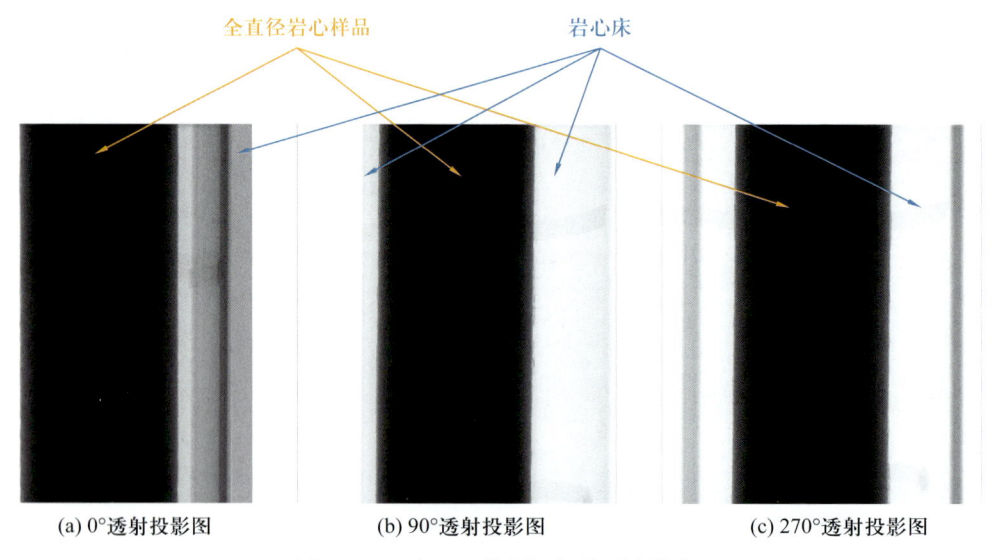

图 5.10　岩心不同角度的透射图

（6）依据不同角度的透射图，使用特殊的数学算法，调整不同的角度位移偏转参数，重构获得全直径岩心样品的三维立体高分辨率灰度图像（图 5.11）。

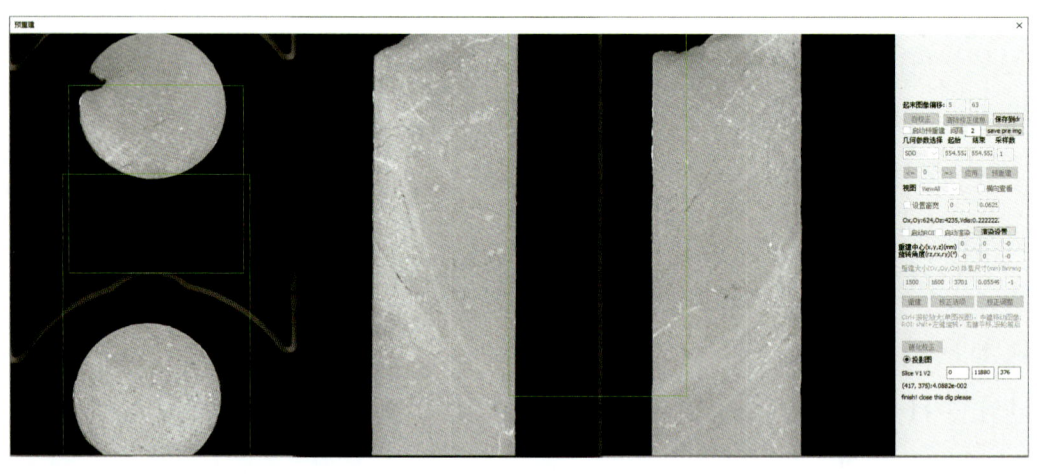

图 5.11　岩心三维重构界面

（7）进行常规岩心连续三维 CT 扫描时常会出现环状伪影、射线硬化及噪声等影响。选用适合目标岩心的图像处理方式及重建算法后能有效降低以上影响（图 5.12 至图 5.14）。

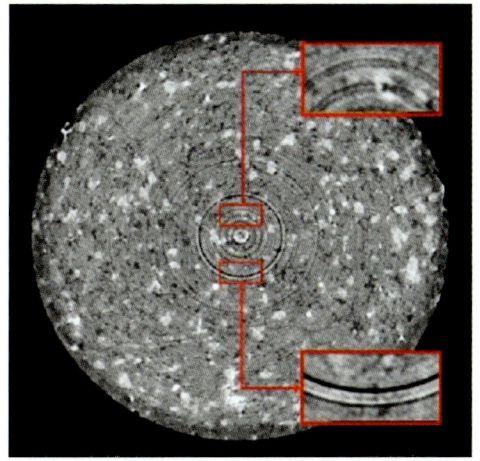 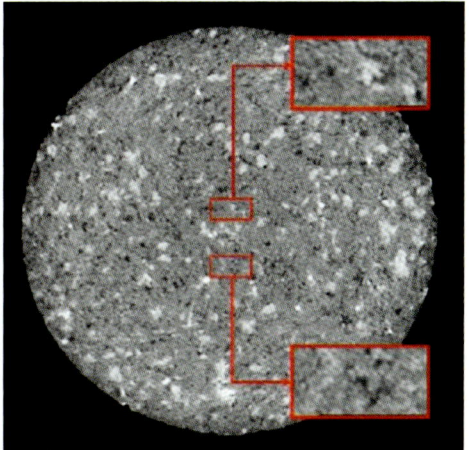

图 5.12　环状伪影校正前后对比

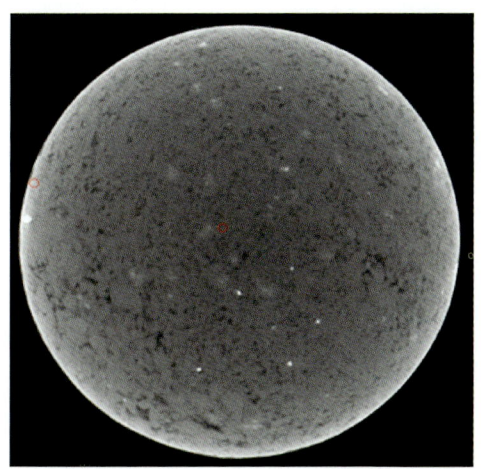 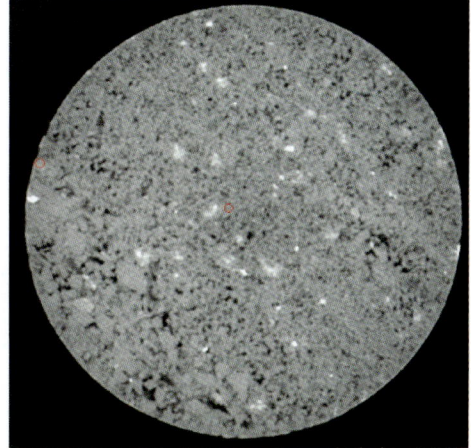

图 5.13　射线硬化校正前后对比

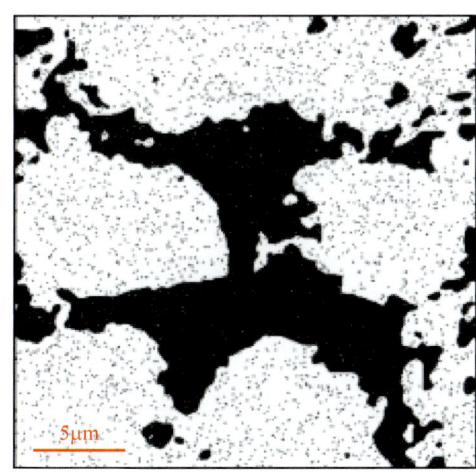 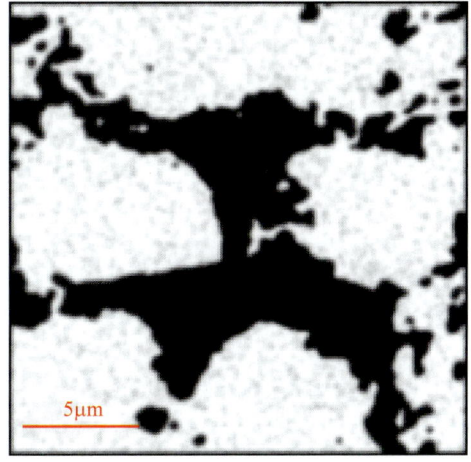

图 5.14　噪声去除前后对比

（8）校正处理完毕后导出目标数据体，用于后续分析。

### 5.3.3 岩心 CT 扫描数据处理

#### 5.3.3.1 裂缝参数统计

将重构的全直径岩心数据体加载至三维可视化软件中。由于岩心内部各类矿物对 X 射线的吸收强度不一样，将会导致三维可视化软件中不同种类矿物的灰度值具有较大差异。针对不同类型矿物在可视化软件中的灰度差异值进行孔缝和岩石骨架提取。针对硬化噪声的影响，使用特殊算法对其进行二次消除，获得更清晰的效果，制作对应样品的环面展开图（图 5.15）。对获取的三维数据体的表面进行环形切割并展示，可以更清晰地观察到裂缝延展方向与沉积层理。针对灰度差异所提取出来的孔缝结构，对其在三维空间形态进行定性分割，将长宽比大于 10 的孔隙结构定义为裂缝，小于 10 的定义为孔洞，再去除掉孔洞留下的即为裂缝，该样品裂缝的三维分布如图 5.16 和图 5.17 所示。

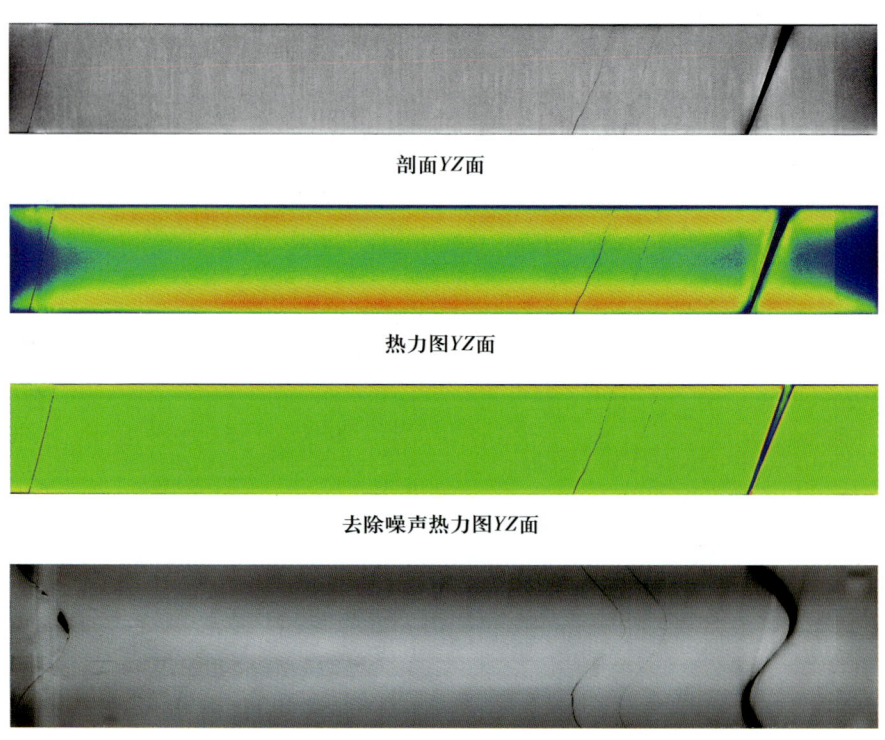

剖面 YZ 面

热力图 YZ 面

去除噪声热力图 YZ 面

环面展开图

图 5.15　岩心 CT 扫描图像处理

判断裂缝的类型。根据裂缝的平整度、张开度、延展方向等进行裂缝判别，其中对于大斜度取心井，压裂缝一般为高角度裂缝且断裂面较平整；层理缝一般为低角度裂缝，延伸长、张度小；微裂缝延展方向不统一且开度较小，诱导缝开度较大，但延展方向多变且断面不平整。

图 5.16　压裂缝立体展示图

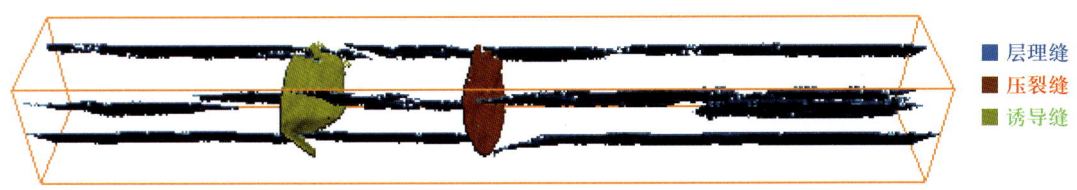

图 5.17　裂缝分类立体展示图

计算裂缝张开度、裂缝体积占比等相关参数。提取出裂缝之后可以对其进行孔隙体积的统计，首先统计裂缝的像素体积，再统计全直径岩心样品总像素体积，随后可统计出裂缝体积占比；将裂缝的数据体提取出来，根据智能算法即可计算出对应裂缝的平均张开度、高低角度裂缝条数等相关信息。

若岩心发生断裂，制作断面展示图，定性分析其断面特征，判断断裂类型。根据灰度差异，对岩石骨架整体进行统计并进行三维可视化表征，赋予真实岩心的特质，展示断面信息（图5.18，图5.19）。

### 5.3.3.2　提取其余参数

提取支撑剂、侵入物、特殊矿物体积占比以及裂缝倾角、压裂缝倾向等参数。体积占比采用灰度差异进行提取，并进行体积分数的统计计算。倾角、倾向则需要井轨迹数据，结合裂缝与层理面夹角和裂缝与岩心长边夹角获取。CT扫描裂缝数字化定量分析见表5.3。

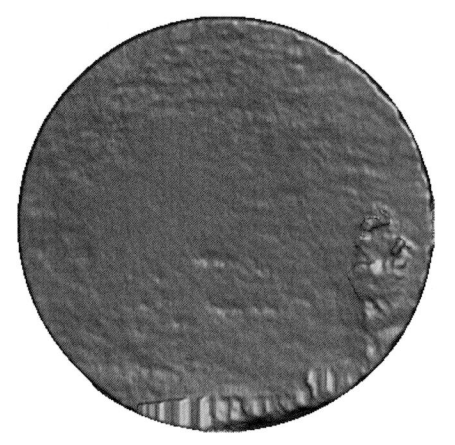
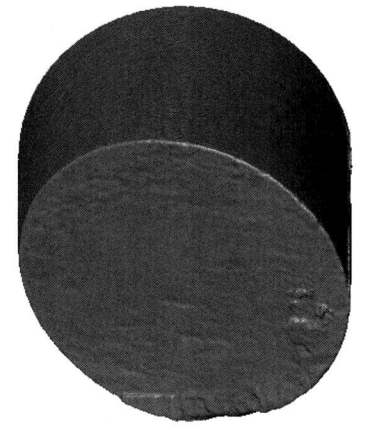

图 5.18 裂缝断面图像　　　图 5.19 裂缝断面三维展示图

表 5.3　CT 扫描裂缝数字化定量分析表

| 裂缝编号 | 裂缝类型 | 裂缝深度区间 /m | 裂缝开度 /mm | 裂缝与水平面的夹角 /（°） | 压裂缝倾向 /（°） |
|---|---|---|---|---|---|
| 1 | 层理缝 | 188x.xx～188x.xx | 0.87 | 0.54 | — |
| 2 | 层理缝 | 188x.xx～188x.xx | 0.94 | 0.86 | — |
| 3 | 诱导缝 | 188x.xx～188x.xx | 1.21 | — | — |
| 4 | 层理缝 | 188x.xx～188x.xx | 2.26 | 5.75 | — |
| 5 | 压裂缝 | 188x.xx～188x.xx | 1.21 | 79.45 | 174.14 |

## 5.4　荧光扫描

### 5.4.1　岩心荧光扫描简介

#### 5.4.1.1　扫描原理

利用荧光灯对烃类物质的激发特性从而显示可识别性。通过线阵相机在封闭式环境下对含烃岩心进行荧光扫描成像。参照石油天然气行业标准《岩石荧光薄片鉴定》（SY/T 5614—2011）和《油气井岩心扫描规范》（SY/T 6748—2008）。

### 5.4.1.2 仪器设备

本次扫描采用 SCUXT 型岩心图像采集分析系统（图 5.20）。主要配置和技术参数如下：

（1）相机：线阵 8K 三线彩色相机。

（2）镜头：工业线阵专用定焦镜头。

（3）采集卡：线阵相机专用双线 Camera Link 采集卡。

（4）平动方式：伺服控制。

（5）滚动方式：隐藏式双轴滚动传动。

（6）升降方式：带激光一键自动对焦模块。

（7）荧光光源：365nm 紫外定制荧光灯，扫描时开启，扫描完成关闭。

（8）波长选择：365nm 紫外线位于长波紫外线范围内，是一种非常有效的激发光，特别适合激发石油中的荧光物质。这个波长的紫外光能够深入岩石孔隙，激发其中的含油物质产生荧光。

（9）扫描采用分辨率：800DPI（Dots Per Inch）。

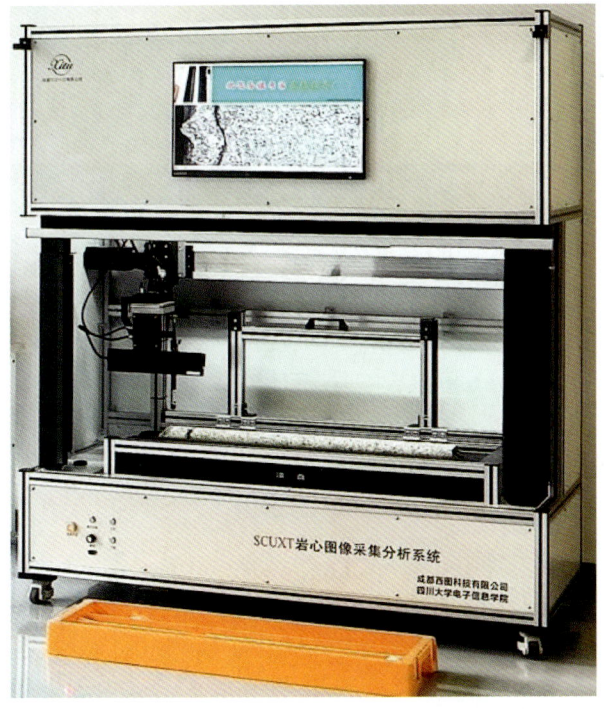

图 5.20　SCUXT 型岩心图像采集分析系统

（10）岩心扫描方式：所有岩心荧光平动扫描、完整岩心的360°荧光滚动扫描。

（11）岩心扫描最大规格：滚动扫描，岩心最大直径不大于18cm，最小直径不小于3cm，最长扫描长度不大于110cm。平动扫描，岩心最宽不大于26cm，最长扫描长度不大于107cm。

### 5.4.2 荧光扫描流程

荧光扫描的主要工作流程如图5.21所示，主要分为如下步骤。

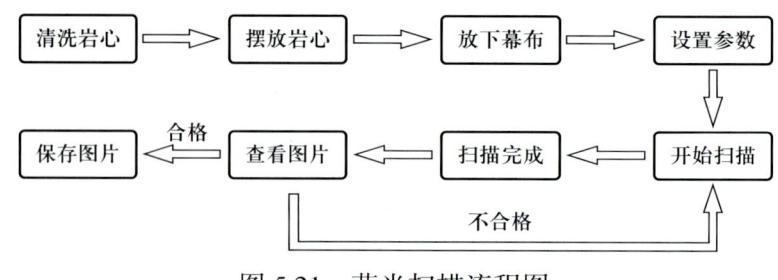

图5.21　荧光扫描流程图

#### 5.4.2.1　岩心准备

将岩心表面清理干净，去除表面杂质，以确保荧光信号仅来源于岩心中的石油。用抹布与软毛刷对岩心表面异物进行处理（图5.22）。

图5.22　软毛刷清理工作

在荧光灯的照射下，对有荧光反应的其他烃类物质用刷子进行清扫去除，其中现场切割岩心时PVC管中的飞屑附着在岩心表面会造成较强的荧光干扰。图5.23为处理前后荧光扫描图像对比。

#### 5.4.2.2　摆放岩心

按照岩心块号由小到大顺序摆放岩心，将每块岩心拼接在一起，尽量不留间隙（图 5.24），使岩心上标记的红线保持直线对齐，并且高低一致。

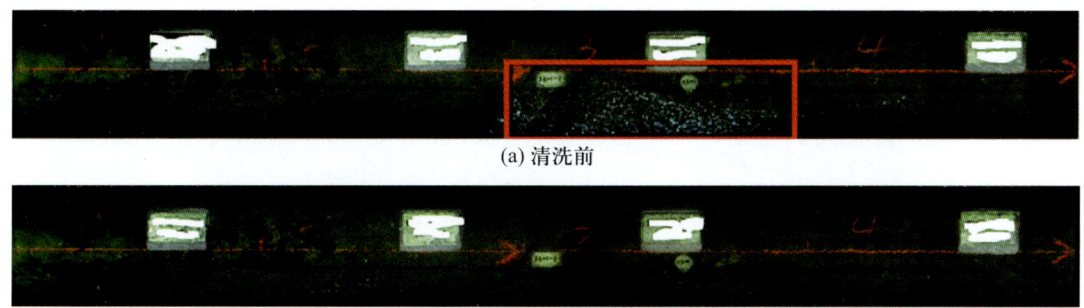

图 5.23 处理前后荧光扫描图像

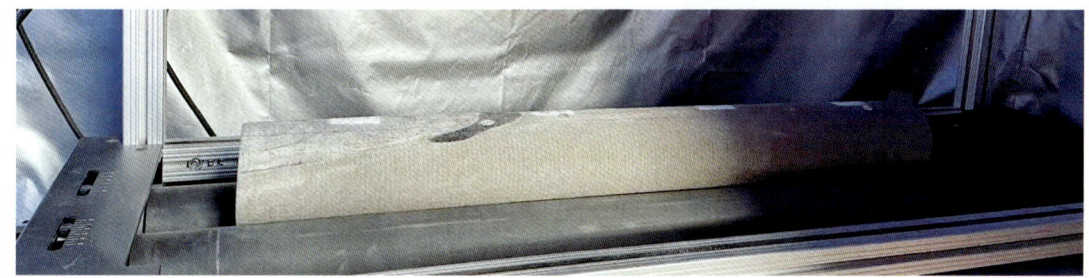

图 5.24 岩心摆放

### 5.4.2.3 荧光照射

在暗室或使用遮光设施的条件下进行，以减少背景光干扰，提高荧光图像的对比度和信噪比。使用 365nm 的紫外灯或紫外 LED 光源照射岩心，确保光源稳定且强度适中，以充分激发荧光反应，同时避免过强光线造成饱和或光漂白效应。

### 5.4.2.4 设置参数

按照待扫描的实际岩心长度、直径设置滚动和平动扫描参数。

### 5.4.2.5 荧光扫描

使用配备有专门滤镜的高灵敏度相机或荧光成像系统来捕捉荧光信号。这些设备能够阻挡激发光，只允许荧光通过，从而记录下清晰的荧光图像。通常需要进行多角度、多层次的拍摄，以全面评估岩心中含油区域的分布和特征（图 5.25）。

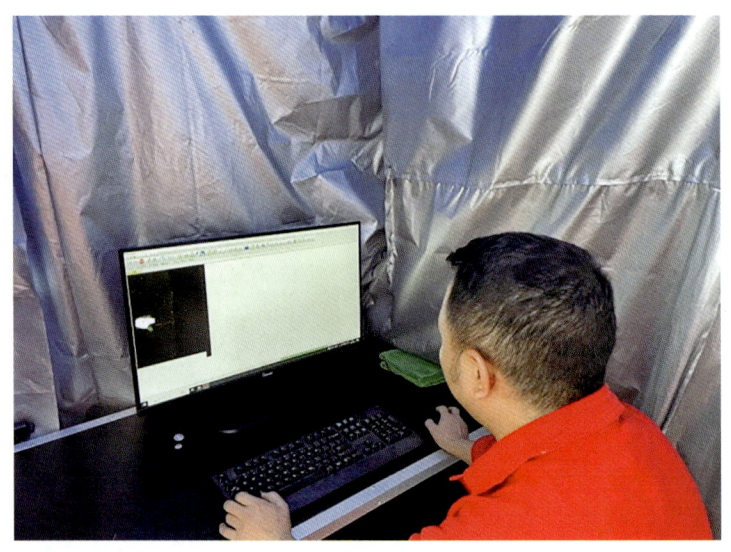

图 5.25　现场扫描工作照

#### 5.4.2.6　检查扫描图片

检查平动扫描,主要查看图像是否缺失、是否清晰、是否存在抖动花纹;检查滚动扫描,主要查看图像是否缺失、是否清晰、是否存在抖动花纹,图像拼接是否完整(图 5.26)。

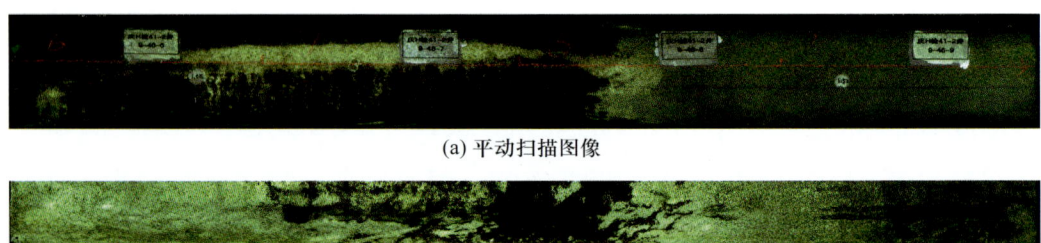

(a) 平动扫描图像

(b) 滚动扫描图像

图 5.26　岩心荧光扫描图像

## 5.5 白光扫描

### 5.5.1 全直径岩心白光扫描简介

#### 5.5.1.1 原理

通过线阵相机对全直径岩心表面进行360°滚动照相，得到岩心的表面图像。

#### 5.5.1.2 仪器设备

白光扫描采用荆州市华孚信息技术有限公司YXCJB-Ⅸ型便携式岩心白光扫描仪，图像采集精度为800DPI，单次可扫描岩心长度1m，可实现岩心外表面图像自动拼接，准确提取孔隙、裂缝参数，每米岩心扫描时间3min。

#### 5.5.1.3 参数设置

白光扫描的图像质量取决于两个关键参数，分别为分辨率和光圈大小。分辨率由仪器自身的硬件控制，一般不需要进行设置。光圈大小影响照片的明亮程度，颜色较少的岩心需要减小光圈，颜色较亮的岩心需要增大光圈，一般的设置原则取决于岩心的颜色，设置标准为同时选取单井颜色较深和较浅的岩心，手动调整光圈大小至合适即可。

### 5.5.2 全直径岩心白光扫描操作流程

按照如下步骤采集岩心外表面图像：

（1）扫描岩心的白光图像，留存岩心原始的图像信息。要求岩心尽量完整，测量需要去除岩心保护膜，露出岩心的表面，反映岩心的真实情况。

（2）岩心出筒后，按照深度，对好岩心的接口，标识好岩心的块号，清理掉岩心表面的钻井液（密闭液），露出岩心的真实外貌，按照岩心的深度顺序，一米一米进行岩心表面滚动扫描。

（3）白光扫描开始前，将要采集并清洗干净的岩心整齐平稳地放在采集仪的滚轴上。

（4）打开采集仪，启动岩心图像采集及管理分析系统，将采集头移动到适当的位置。

（5）调整好采集头与光源、采集头与岩心、灯与岩心的位置和方向及镜头的光圈。

（6）进入"图像采集编辑"界面，注意调整分辨率、采集类型和采集岩心的直径等，然后启动系统开始采集，采集岩心图像的同时预览图像，若发现采集的图像有问题要及时停止采集。

（7）调整图像并修剪，白光扫描的图像可直观定性展示岩心的裂缝发育情况，每米岩心测量耗时约 10min（图 5.27）。

图 5.27　全直径岩心白光扫描现场作业图

## 5.5.3　全直径岩心白光扫描资料处理解释

通过对全直径岩心白光扫描资料进行"图像增强、色度均一化"等图像处理，扫描图像显示更为清晰，有利于进行岩石表面"层理、裂缝、孔洞"等地质特征的拾取。通过图像 360°"闭合、展开"处理，可对各种地质特征的平面或立体特征进行直观展示，也可将岩心图像与成像测井图像进行比对，可用于成像测井地质特征的解释和校对（图 5.28）。

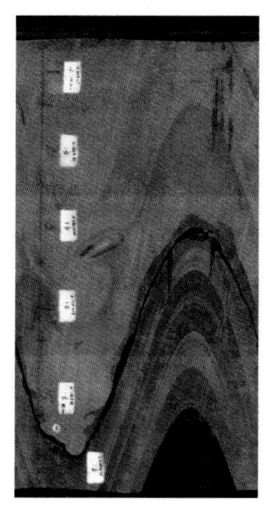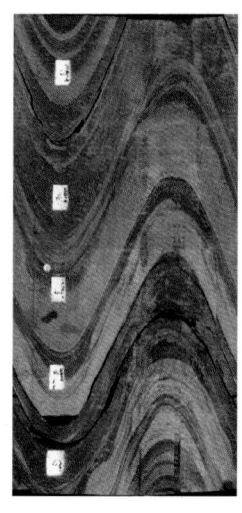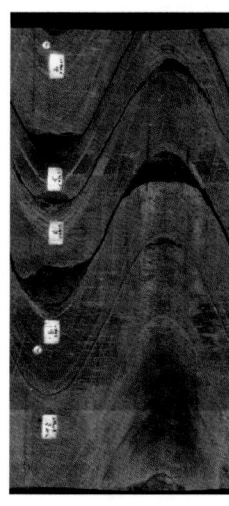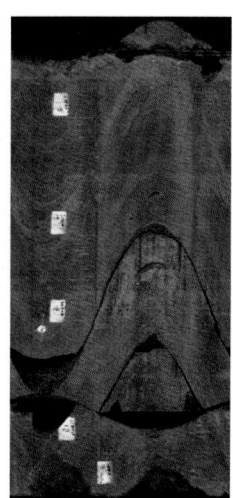

图 5.28　全直径岩心白光扫描展开图

## 5.6　裂缝面高精度拍照

### 5.6.1　多景深融合精细拍照简介

#### 5.6.1.1　原理

岩心裂缝面一般都不平整，对岩心裂缝面进行高分辨率照片采集时，由于采集设备景深有限，无法通过一次采集获取整个裂缝面的清晰图像。为此，采用多聚焦图像景深扩展技术（Extend Depth of Field，EDOF），通过岩心裂缝面的最顶部及最底部低焦平面范围内的多次聚焦采集，通过景深扩展处理获取表面各个目标清晰的岩心裂缝面图像。

#### 5.6.1.2　仪器设备

多景深融合精细拍照的主要仪器设备如图 5.29 所示，配备单反相机、相机滑轨和专门的多景深融合软件系统。

采集图像时，在岩心裂缝端面由顶至底低焦平面多次聚焦采集，获取裂缝面多聚焦图像（图 5.30）。利用多聚焦图像信息互补性，通过景深扩展处理获取高清晰岩心裂缝面图像。

图 5.29　多景深融合裂缝面拍照设备

图 5.30　多景深融合裂缝面图像叠加

## 5.6.2　工作流程

裂缝面高清多景深采集工作流程主要包括以下步骤。

### 5.6.2.1　图像采集

在计算机控制下采集一系列不同焦点、大小一致的岩心图像。

### 5.6.2.2　图像分析

对采集到的岩心图像序列进行分析，检测出每一帧中聚焦最清晰的区域。

#### 5.6.2.3 图像融合

将每帧岩心图像中聚焦清晰的区域提取出来,并根据在岩心中的位置进行拼接配准,形成新的图像。

#### 5.6.2.4 结果优化

对融合后的图像进行进一步处理,以提升视觉效果并确保图像的自然过渡。

通过多景深融合技术,裂缝面图像清晰度大幅度提升,局部细节呈现的效果更佳(图 5.31)。

(a) 普通方法拍摄图像　　　　　　(b) 多景深融合方法拍摄图像

图 5.31　普通方法拍摄与多景深融合方法拍摄的裂缝面图像对比

## 5.7　裂缝面三维激光扫描

### 5.7.1　裂缝面三维激光扫描简介

#### 5.7.1.1　原理

(1)三维断面数据采集:针对复杂裂面结构不易获取立体数据以及整体裂面反求验证困难的情况,通过白光扫描方式对岩心表面进行立体点云数据采集,同时建立可追溯的立体数据存储,实现数据数字化保存、追溯,以及为后期分析提供可靠保障。

（2）三维模型数据重构：针对水力压裂试验场等目标工区岩心，开展岩心裂缝断面三维数据重构测试，数据重构集光学采集、点云采集计算技术，对物体空间外形和结构进行立体数据采集，以获得物体表面的空间坐标，进而将实物的立体信息转换为计算机能直接处理的数字信号，进行表面粗糙度、断面 *XYZ* 坐标点信息保存、表面坐标三维数据点重构（图 5.32）。

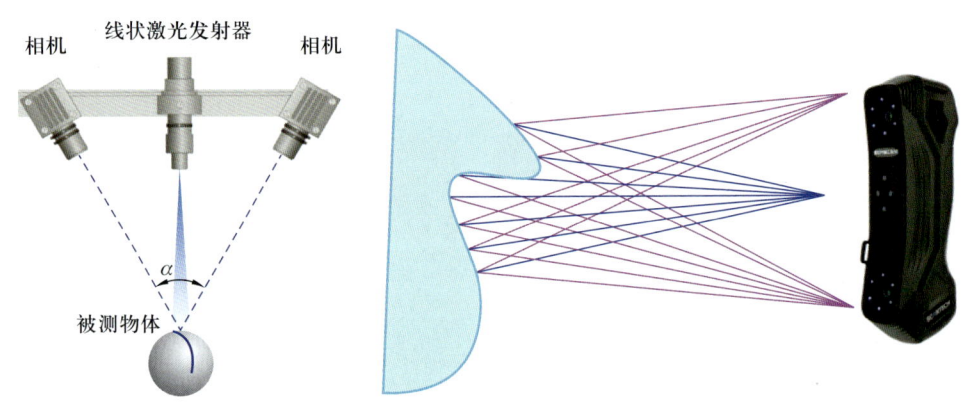

图 5.32 裂缝面三维激光扫描原理

#### 5.7.1.2 仪器设备

三维激光扫描设备包括手持式三维激光扫描仪和显示器。手持式三维激光扫描仪采用思看科技（杭州）股份有限公司设备，型号为 SIMSCAN30，扫描精度最高可达 0.02mm。设备基于双目立体视觉原理，利用激光线的中心作为匹配基元进行三维重建，主要由双相机或多相机、多条平行线激光发射器组成。激光线条照射到物体表面，左右相机获取到多条线状激光图像，计算高精度的激光线图像亚像素中心，利用事先标定的激光平面参数进行激光线三维重建数据的校验，将左右两个相机二维图像中提取的相互匹配的激光线进行三维重建，从而获取物体表面的三维空间数据。设备主要工作参数见表 5.4。

#### 5.7.1.3 参数设置

考虑岩心裂缝壁面和岩心柱面扫描所需数据精度和数据量，对裂缝柱面设置粗扫，设置扫描精度 0.4mm，对压裂缝、层理缝、构造缝和钻井诱导缝等裂缝壁面设置精扫，设置扫描精度 0.05mm。

表 5.4　三维激光设备主要工作参数

| 工作参数 | 参数值 |
| --- | --- |
| 激光线束合计 | 30 束 |
| 最高精度 | 0.020mm |
| 最高扫描速率 | 2020000 次 /s |
| 最大扫描面幅 | 410mm × 400mm |
| 最高分辨率 | 0.025mm |

## 5.7.2　裂缝面三维激光扫描操作流程

### 5.7.2.1　设备标定

采用对比版对设备进行标定，校准相机参数。

### 5.7.2.2　扫描准备

将岩心块放置在扫描平台上，在岩心顶面粘贴标签，在扫描平台和岩心柱面上无规则地粘贴扫描标记点，标记点间隔一般为 10～15cm。

### 5.7.2.3　标记点扫描

采用手持式激光扫描仪对桌面和岩心柱面上的标记点进行扫描，构建基准平面，定位岩心位置（图 5.33）。

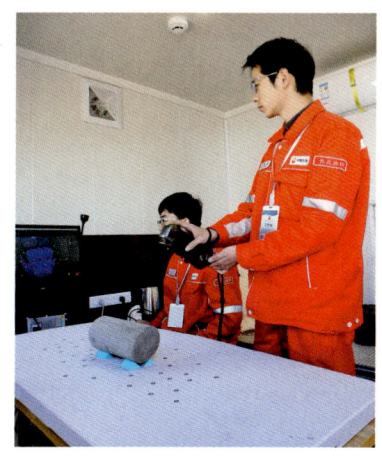

图 5.33　岩心三维激光扫描现场作业图

### 5.7.2.4 岩心扫描成像

扫描岩心上部可视区域，设置扫描精度 0.4mm；对岩心壁面设置精扫区域，重新扫描岩心壁面，设置扫描精度 0.05mm；岩心翻面，重复上述步骤，对岩心进行拼接，构建岩心完整形态；分别保存工程文件及网格文件，用于后处理操作，文件以"岩心筒数—段数—裂缝编号—顶底面"命名。

### 5.7.2.5 后处理

将扫描形成的岩心网格文件 导入 GOM 软件进行后处理操作，形成断面高度差图、岩心断裂爆炸图、岩心断裂组合图等（图 5.34）。

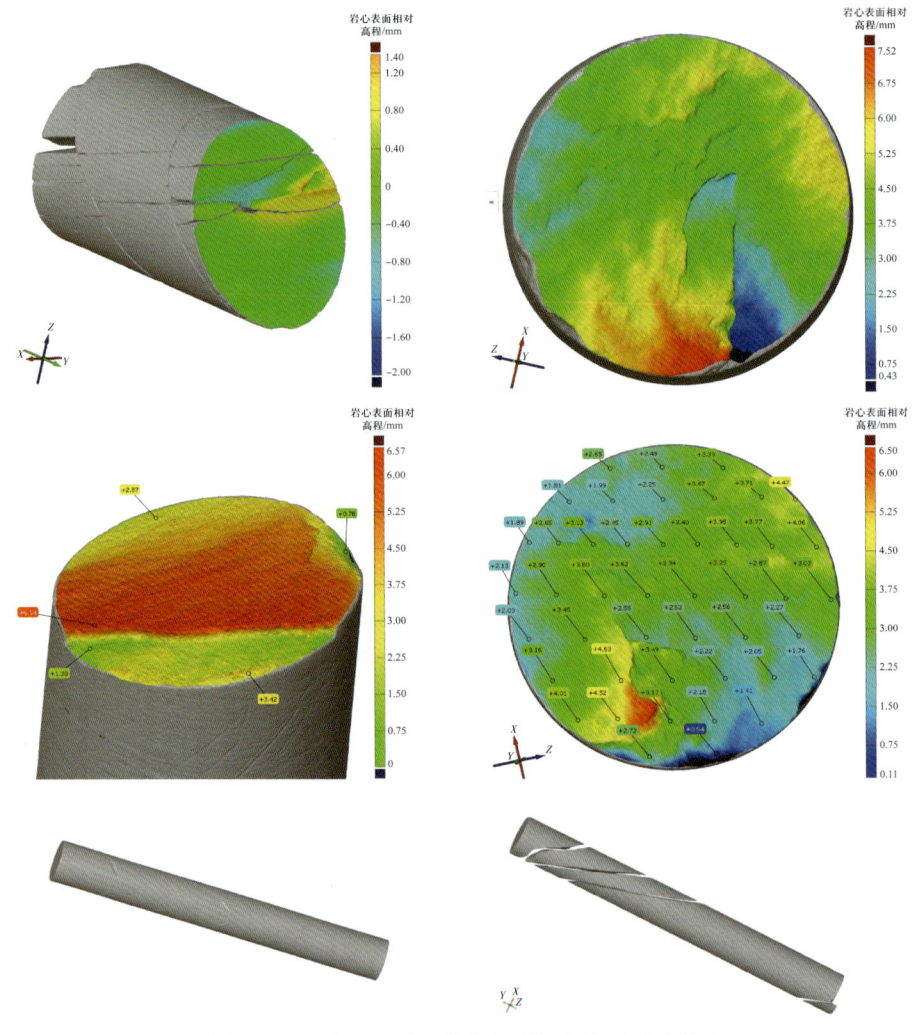

图 5.34　岩心三维激光扫描后处理成果图

## 5.8　人员配置及分工

（1）岩心伽马测试操作人员 2 人。
（2）核磁共振扫描操作人员 6 人。
（3）CT 扫描仪总计操作人员 6 人，数据处理人员 4 人。
（4）岩心荧光扫描操作人员 2 人。
（5）岩心白光扫描操作人员 6 人。
（6）裂缝面拍照操作人员 2 人。

## 5.9　参数设置依据及注意事项

### 5.9.1　参数设置的依据

（1）核磁共振采集需要测量到所有孔隙中的流体信号，因此根据现场实测的结果确定回波间隔和等待时间，保障所有信号的完整采集。

（2）CT 扫描应选用设备的极限分辨率 55μm 进行扫描，分辨率越高，样品的细节更清晰，可以刻画沉积层理、多种类裂缝及裂缝内侵入物等物质及结构特征。

（3）CT 扫描应根据扫描时样品的光子计数与穿透率，现场确定电压和电流参数，保障背底不过曝，穿透率在 5% 以上，进而确保获取最佳图像质量。

（4）白光扫描依据图片的清晰度，确定采集参数，焦距的实现是激光自动对焦。

### 5.9.2　注意事项

（1）岩心禁止水洗，避免核磁共振测量的油水饱和度出现误差。
（2）岩心出筒后需要第一时间进行核磁共振测量，避免岩心中的流体挥发，导致测量结果不准。

（3）CT扫描时岩心应轻拿轻放，特别需要注意将其放入岩心床时应避免震动对岩心造成损伤以及扩大已有裂缝的尺寸。

（4）扫描岩心时按照取样时的标记从浅到深将岩心（带岩心筒）放置在岩心床上，并在岩心床铺好防滑垫防止岩心转动翻滚和钻井液流出污染到岩心床上。

（5）CT扫描前放置好标记物，确定岩心的顶底并拍照记录相关信息。

（6）扫描和处理的过程中应对各阶段的数据进行完整保存。

# 6 岩心数字化及智能化分析

根据页岩油水力压裂试验场数据业务需求，创新研发了一套专用的数据解决方案，编制了水力压裂试验场数据采集规范，整理完成并标准化钻井、录井、测试、分析试验等42类约1.7万份文件；研制的水力压裂试验场协同研究平台，突破了裂缝测量、数据资源检测、扫描图像校正等系列关键技术，研发了现场进度跟踪、三维融合、剖面导航等模块，构建了"井—筒—段—缝"多级分析论证场景，为后续跨学科开展水力压裂试验场数据资料研究配备了尖端、灵活的数字化和智能化环境。

## 6.1 数据资源管理与建设

水力压裂试验场具有钻井、录井、测试、地质等多个专业工作流程，根据数据采集现状，建立了20个岗位、6大类、48种数据采集和入库标准，业务流程如图6.1所示。

### 6.1.1 数据资源编目

水力压裂试验场每个工作环节都会产生相应的数据。经过梳理现场数据资源，共梳理岩屑、岩心相关的图片、表格、PDF、Word、GIF等格式的原始数据48种，见表6.1。

通过各个工作岗位收集数据后，根据数据内在关联，按照井筒、深度、取心筒、取心段、裂缝五个层级规范文件命名规则，为后期数据调用奠定基础。

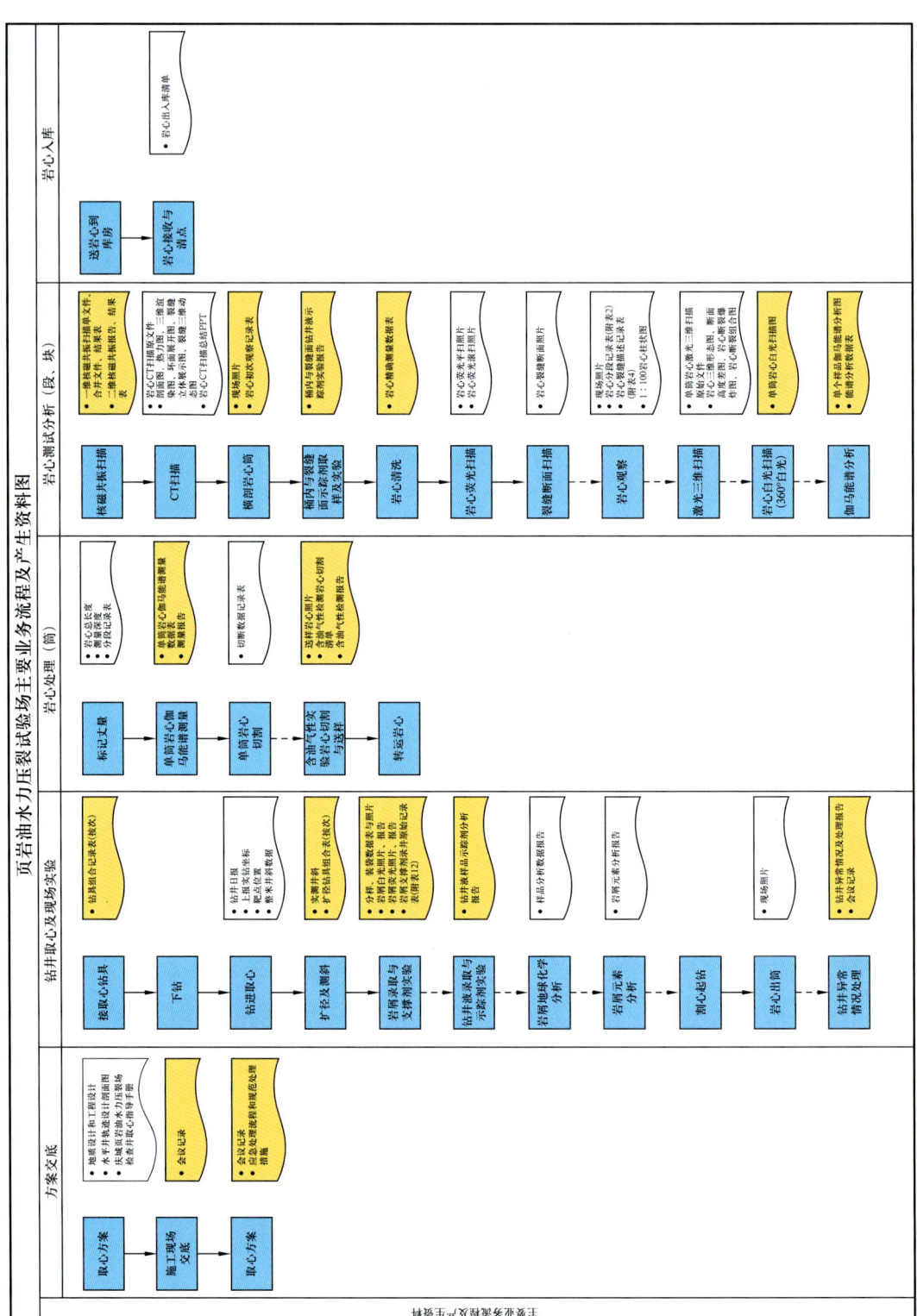

图 6.1 页岩油水力压裂试验场数据业务流程图

## 表6.1 页岩油水力压裂试验场数据类型表

| 序号 | 业务阶段 | 数据名称 | 序号 | 业务阶段 | 数据名称 |
|---|---|---|---|---|---|
| 1 | 部署 | 地质设计 | 25 | 测试 | 伽马能谱 |
| 2 | 部署 | 工程设计 | 26 | 测试 | 岩心分段 |
| 3 | 部署 | 水平井轨迹设计 | 27 | 测试 | 筒壁钻井液示踪剂 |
| 4 | 部署 | 现场施工标准 | 28 | 测试 | 单筒裂缝记录 |
| 5 | 部署 | 地震卡片 | 29 | 测试 | 岩心伽马能量谱测量 |
| 6 | 钻井 | 微地震 | 30 | 测试 | CT扫描 |
| 7 | 钻井 | 水平井实钻轨迹 | 31 | 测试 | 核磁共振扫描 |
| 8 | 钻井 | 钻井取心工程参数 | 32 | 测试 | 岩心精描 |
| 9 | 钻井 | 钻进日报 | 33 | 测试 | 裂缝描述 |
| 10 | 钻井 | 井斜数据 | 34 | 测试 | 裂缝示踪剂化验 |
| 11 | 钻井 | 钻时地质日报 | 35 | 测试 | 重点裂缝分析 |
| 12 | 录井 | 录井综合图 | 36 | 测试 | 裂缝断面扫描 |
| 13 | 录井 | 岩屑录井描述 | 37 | 测试 | 激光三维扫描 |
| 14 | 录井 | 岩屑白光扫描 | 38 | 测试 | 岩心白光扫描 |
| 15 | 录井 | 岩屑荧光扫描 | 39 | 测试 | 岩心荧光扫描 |
| 16 | 录井 | 岩屑显微镜观察 | 40 | 测试 | 岩石热解数据 |
| 17 | 录井 | 岩屑地球化学分析 | 41 | 测试 | 方位伽马测试 |
| 18 | 录井 | 岩屑元素分析 | 42 | 测试 | 应力测试 |
| 19 | 录井 | 钻井液示踪剂分析 | 43 | 测试 | 裂缝面钻井液示踪剂 |
| 20 | 录井 | 伽马测井（录井） | 44 | 测试 | 录井综合图 |
| 21 | 录井 | 气测（录井） | 45 | 测井 | 测井蓝图 |
| 22 | 录井 | 岩心伽马 | 46 | 测井 | 测井体数据 |
| 23 | 录井 | 钻井取心描述记录 | 47 | 测井 | 核磁共振测井 |
| 24 | 录井 | 裂缝汇总 | 48 | 完井 | 完井报告 |

## 6.1.2 数据采集规范

本小节介绍各类数据规范。

### 6.1.2.1 岩屑白光扫描

照片命名规则：

井名/14-岩屑白光扫描/1-岩屑白光扫描照片/筒号起始深度/b深度-放大倍数。

照片命名示例：

庆H检41-1/14-岩屑白光扫描/1-岩屑白光扫描照片/1筒1861～1869m/b1865-45。

报告命名规则：

井名/14-岩屑白光扫描/2-岩屑白光扫描报告/筒号起始深度/rb深度-放大倍数。

报告命名示例：

庆H检41-1/14-岩屑白光扫描/2-岩屑白光扫描报告/1筒1861～1869m/rb1865-45。

### 6.1.2.2 岩屑荧光扫描

照片命名规则：

井名/15-岩屑荧光扫描/1-岩屑荧光扫描照片/筒号起始深度/y深度序号-放大倍数。

照片命名示例：

庆H检41-1/15-岩屑荧光扫描照片/1-岩屑荧光扫描照片/1筒1861～1869m/y1865-45。

报告命名规则：

井名/15-岩屑荧光扫描/2-岩屑荧光扫描报告/筒号起始深度/ry深度序号-放大倍数。

报告命名示例：

庆H检41-1/15-岩屑荧光扫描/2-岩屑荧光扫描报告/1筒1861～1869m/ry1865-45。

### 6.1.2.3 裂缝描述

（1）裂缝描述记录。

命名规则：

井名/35-裂缝描述/1-裂缝描述记录/井名裂缝描述记录表。

命名示例：

庆H检41-1/35-裂缝描述/1-裂缝描述记录/庆H检41-1裂缝描述记录表。

（2）出筒照片。

命名规则：

井名/35-裂缝描述/2-出筒照片/筒号/段号/裂缝编号。

井名/35-裂缝描述/2-出筒照片/筒号/段号/裂缝编号A。

井名/35-裂缝描述/2-出筒照片/筒号/段号/裂缝编号B。

命名示例：

庆H检41-2/35-裂缝描述/2-出筒照片/15筒/3段/H15-3-1。

庆H检41-2/35-裂缝描述/2-出筒照片/15筒/3段/H15-3-1A。

庆H检41-2/35-裂缝描述/2-出筒照片/15筒/3段/H15-3-1B。

（3）红布照片。

命名规则：

井名/35-裂缝描述/3-红布照片/筒号/段号/裂缝编号。

井名/35-裂缝描述/3-红布照片/筒号/段号/裂缝编号A。

井名/35-裂缝描述/3-红布照片/筒号/段号/裂缝编号B。

命名示例：

井名/35-裂缝描述/3-红布照片/15筒/3段/H15-3-1。

井名/35-裂缝描述/3-红布照片/15筒/3段/H15-3-1A。

井名/35-裂缝描述/3-红布照片/15筒/3段/H15-3-1B。

（4）显微镜照片。

命名规则：

井名/35-裂缝描述/4-显微镜照片/筒号/段号/裂缝编号。

井名/35-裂缝描述/4-显微镜照片/筒号/段号/裂缝编号A。

井名/35-裂缝描述/4-显微镜照片/筒号/段号/裂缝编号B。

命名示例：

井名/35-裂缝描述/4-显微镜照片/15筒/3段/H15-3-1。

井名/35-裂缝描述/4-显微镜照片/15筒/3段/H15-3-1A。

井名/35-裂缝描述/4-显微镜照片/15筒/3段/H15-3-1B。

备注：多张就命名H15-3-1A1、H15-3-1A2等。

### 6.1.2.4　CT扫描

（1）剖面图。

命名规则：

井名/30-CT扫描/1-剖面图/筒号/段号.png。

命名示例：

庆H检41-1/30-CT扫描/1-剖面图/15筒/d15-1.png。

（2）热力图。

命名规则：

井名/30-CT扫描/2-热力图/筒号/段号.png。

命名示例：

庆H检41-1/30-CT扫描/2-热力图/15筒/d15-1.png。

（3）三维渲染图。

命名规则：

井名/30-CT扫描/3-三维渲染图/筒号/段号.gif。

命名示例：

庆H检41-1/30-CT扫描/3-三维渲染图/15筒/段号.gif。

（4）环面展开图。

命名规则：井名/30-CT扫描/4-环面展开图/筒号/段号.png。

命名示例：

庆H检41-1/30-CT扫描/4-环面展开图/15筒/d15-1.png。

（5）裂缝立体展示图。

命名规则：

井名/30-CT扫描/5-裂缝立体展示图/筒号/段号.png。

命名示例：

庆H检41-1/30-CT扫描/5-裂缝立体展示图/15筒/d15-1.png。

（6）裂缝三维动态图。

命名规则：

井名/30-CT扫描/6-裂缝三维动态图/筒号/段号.png。

命名示例：

庆H检41-1/30-CT扫描/6-裂缝立体展示图/15筒/d15-1.gif。

（7）裂缝断面三维展示图。

命名规则：

井名/30-CT扫描/7-裂缝三维动态图/筒号/段号.gif。

备注：段号.gif代表全段的裂缝断面三维gif图，其余的gif依次命名为段号.1.gif、段号.2.gif等。

命名示例：

庆H检41-1/30-CT扫描/7-裂缝三维动态图/筒号/d15-3.gif。

（8）CT卡片。

命名规则：

井名/30-CT扫描/8-CT卡片/筒号/筒号CT卡片.pptx。

井名/30-CT扫描/8-CT卡片/筒号/筒号CT卡片.pdf。

命名示例：

庆H检41-1/30-CT扫描/8-CT卡片/15筒/15筒CT卡片.pptx。

庆H检41-1/30-CT扫描/8-CT卡片/15筒/15筒CT卡片.pdf。

### 6.1.2.5 核磁共振扫描

（1）核磁共振成果图。

命名规则：

井名/31-核磁共振/井名核磁共振成果图。

命名示例：

庆H检41-1/31-核磁共振/庆H检41-1核磁共振成果图。

（2）核磁二维共振图片。

命名规则：

井名/31-核磁共振/核磁共振二维图片/筒号/深度。

命名示例：

庆H检41-1/31-核磁共振/核磁共振二维图片/1筒/1851.36m。

（3）核磁共振成果表（包括孔隙度、饱和度两张表）。

命名规则：

井名/31-核磁共振/核磁共振成果表/井名核磁共振孔隙度表、井名核磁共振饱和度表。

命名示例：

庆H检41-1/31-核磁共振/核磁共振成果表/庆H检41-1核磁共振孔隙度表、庆H检41-1核磁共振饱和度表。

### 6.1.2.6 裂缝断面扫描

命名规则：

井名/36-裂缝断面扫描/筒号/段号/裂缝编号。

井名/36-裂缝断面扫描/筒号/段号/裂缝编号A。

井名/36-裂缝断面扫描/筒号/段号/裂缝编号B。

命名示例：

井名/36-裂缝断面扫描/15筒/3段/H15-3-1。

井名/36-裂缝断面扫描/15筒/3段/H15-3-1A。

井名/36-裂缝断面扫描/15筒/3段/H15-3-1B。

备注：多张照片就分别命名 H15-3-1A1、H15-3-1A2 等。

### 6.1.2.7 激光三维扫描

命名规则：

井名 /37- 激光三维扫描 / 筒号 / 段号 / 裂缝编号。

井名 /37- 激光三维扫描 / 筒号 / 段号 / 裂缝编号 A。

井名 /37- 激光三维扫描 / 筒号 / 段号 / 裂缝编号 B。

命名示例：

庆 H 检 41-2/37- 激光三维扫描 /15 筒 /3 段 /H15-3-1。

庆 H 检 41-2/37- 激光三维扫描 /15 筒 /3 段 /H15-3-1A。

庆 H 检 41-2/37- 激光三维扫描 /15 筒 /3 段 /H15-3-1B。

## 6.1.3 大容量数据处理方法

水力压裂试验场涉及诸多高分辨率图像数据，如岩屑照片、白光扫描、荧光扫描、CT 扫描等。这些图像资料占用存储空间大，例如：一张裂缝照片存储容量为 6~10MB，一张岩心白光环面扫描图片为 45~55MB，一张 CT 三维动图为 7~10MB。这为后期数据综合应用带来挑战。如此庞大的数据量给后期的数据综合应用带来了显著挑战，不仅增加了数据存储成本，还降低了数据传输效率，并延长了数据处理时间。

面对这样的挑战，有效的数据管理策略显得尤为重要。

首先，采用高效的压缩算法可以在保证图像质量的前提下减少文件体积，从而缓解存储压力。例如，无损或有损压缩技术可以根据实际需求选择使用，确保既节省存储空间又不影响研究分析。

其次，利用对象存储数据库提供的强大计算能力和弹性扩展服务，能够提高数据处理的速度与灵活性。这种基于云的服务允许用户按需访问资源，极大地提升了数据操作的便捷性。

在具体的应用过程中，建立智能化的数据索引系统是至关重要的一步。通过构建详尽且易于导航的索引结构，可以实现快速检索与分析，进一步提升工作效率。同时，在应用场景中将多专业图像数据进行了融合集成展示，提供样品导航功能，使研究人员能够在同一界面下查看不同类型的图像信息。左右窗口对照与视域联动功能使得不同角度或不同方法获取的数据能够同步比较，有助于发现细微差异。此外，多专业图像比对工具可支持科研人员进行跨学科的研究工作，促进知识共享和创新思维的发展。

最后，探索更先进的图像识别和分析工具对于从海量数据中提取有价值的信息至关重要。利用机器学习和人工智能技术，可以自动识别岩石样本中的关键特征，如裂缝分布、矿物成分等，为地质学家提供精确的数据支持。这不仅提高了数据分析的准确性，也加速了科学研究进程，帮助决策者制定更加精准的战略规划。通过这些手段，可以有效应对大规模高分辨率图像数据带来的挑战，推动压裂试验场领域的科技进步。

### 6.1.4 数据治理工具

根据数据治理需求，开发了多个数据治理工具。

（1）红线校正工具：对由滚动白光扫描、荧光扫描得到的图像进行标准化，校正图像相对地层顶底位置。

（2）裂缝测量工具：依据白光滚动扫描图像，精准测定裂缝的方向、倾斜角度等关键地质特征参数。

（3）GIF 图像处理工具：调整 CT 扫描动态图像，确保其在水平方向上准确对齐。

（4）数据内容检测工具：依据数据采集标准，辨别收集数据所归属的业务范围。

（5）文件更新监测工具：监控指定数据集中的最新变动情况。

（6）文件名标准化工具：依据数据采集的标准规范，对文件命名进行规范化处理。

（7）文件装载工具：执行磁盘数据的扫描，并将所获取的信息高效地导入至数据库中。

（8）数据库更新工具：数据库管理和操作工具助力于高效执行查看、新增、删除及修改等核心任务。

（9）数据完整性评估工具：审核单井各类数据集与各个井段资料的完整性与准确性。

## 6.2 水力压裂试验场协同研究平台

采用 .NET Core 和 WebGL 技术，开发了一套水力压裂试验场协同研究平台（图 6.2）。该平台能够在三维空间内整合并可视化展示井筒、压裂作业、地质模型、三维地震数据、岩心样本和裂缝等多源信息。通过构建一个综合的"井—筒—段—缝"多层次分析环境，该平台支持跨学科团队对裂缝分布特性及其与压裂段簇之间的关联进行深入研究。

图 6.2　水力压裂试验场协同研究平台主界面

水力压裂试验场协同研究平台采用了三层架构设计，包括表示层、业务逻辑层和服务层。每一层都有其特定的功能和职责，确保了系统的高效运行和良好的用户体验。

（1）表示层。

表示层是用户与系统交互的界面，主要负责数据的展示和用户输入的处理。在该平台上，使用 HTML5 和 CSS3 来创建响应式的界面布局，确保用户无论是在桌面电脑、平板还是手机上都能获得一致且友好的体验。为了实现动态内容加载和事件驱动机制，引入了Vue.js这一现代前端框架。Vue.js具有轻量级、易用性和强大的组件化特性，使得开发过程更加高效，同时也提升了应用的性能和可维护性。

此外，WebGL技术被用于客户端实现复杂三维图形的渲染。基于OpenGL ES 2.0规范，WebGL允许开发者通过JavaScript直接访问GPU功能，从而在浏览器中呈现高度交互式的三维视图。这种技术的应用不仅增强了视觉效果，还促进了不同专业领域间的协作与知识共享。用户可以直接通过浏览器访问这些三维视图，无须安装额外的软件或插件，极大地提高了使用的便捷性。

（2）业务逻辑层。

业务逻辑层是整个系统的核心，它包含了所有的业务规则和算法模型。这部分主要由C#编写的类库组成，提供了丰富的功能模块，如地质建模、裂缝识别等。这些算法模型能够直接调用底层数据库进行读写操作，确保数据的一致性和准确性。例如，在地质建模过程中，系统会根据钻井轨迹和测井曲线等数据生成详细的三维地质模型；而在裂缝识别方面，利用图像处理技术和机器学习算法从岩屑照片、白光扫描等图像中提取裂缝信息。

业务逻辑层的设计遵循模块化原则，每个功能模块都可以独立开发和测试，这有助于提高代码的复用性和可维护性。同时，通过封装复杂的计算逻辑，业务逻辑层为表示层和服务层提供了简洁而强大的接口，确保了系统的稳定性和扩展性。

（3）服务层。

服务层是连接表示层和业务逻辑层的桥梁，主要负责数据的传递和处理。基于RESTful API标准构建的服务层提供了对外接口，供客户端调用。这些API接口遵循HTTP协议，支持GET、POST、PUT、DELETE等标准方法，确保了数据传输的安全性和标准化。

.NET Core作为服务端的核心框架，提供了高效且可扩展的服务端架构。.NET Core的优势在于其跨平台能力，支持Windows、Linux和macOS等多种操作系统。这不仅简化了部署过程，还提高了系统的灵活性。

服务层还负责身份验证、权限控制和数据加密等安全功能，保障了系统的安全性。通过 JWT（JSON Web Tokens）等认证机制，服务层能够对每个请求进行身份验证，防止未授权访问。同时，采用 HTTPS 协议进行数据传输，进一步增强了数据的安全性。

### 6.2.1 试验场概览数据面板

通过地表高清影像、行政区划、地形地貌等一系列地图，标记试验场地理位置。庆 H41 平台页岩油水力压裂试验场位于中国甘肃省兰青线（兰州至青海公路）旁，紧邻 G309 国道。行政区划图显示，它地处庆阳市境内，与周边城镇的距离分别是：距西峰区 35km、距合水县 8km、距庆城县 16km（图 6.3）。

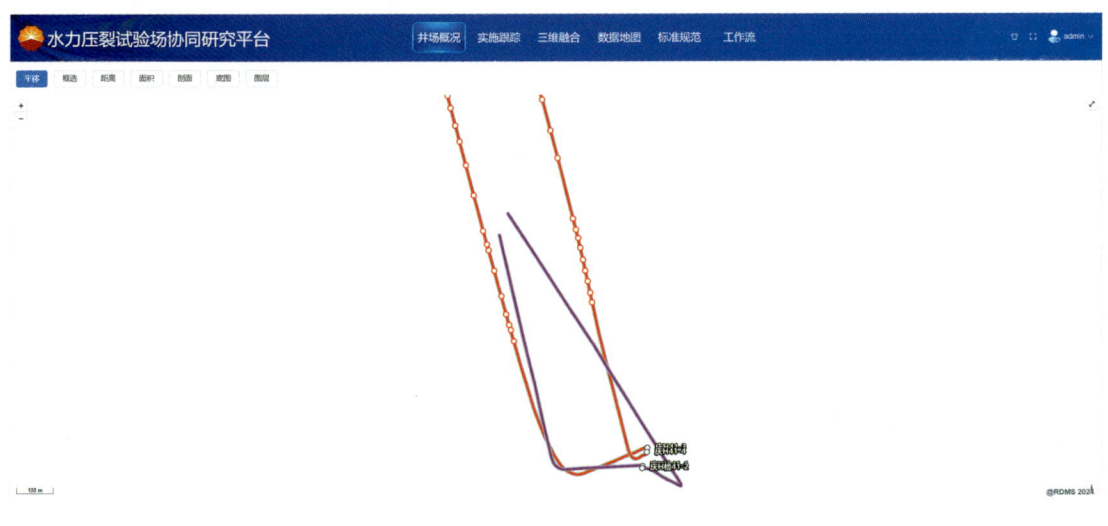

图 6.3　井场概况界面

### 6.2.2 试验施工进度监控

实施跟踪模块主要显示每日取心筒次、核磁共振检测、CT 成像进度、开筒工序进展、高精度拍照、荧光扫描、白光扫描、裂缝尺寸测定及裂缝表面的详细拍摄等工作进展，为工程进度的总体控制及各项工作进展提供依据（图 6.4）。

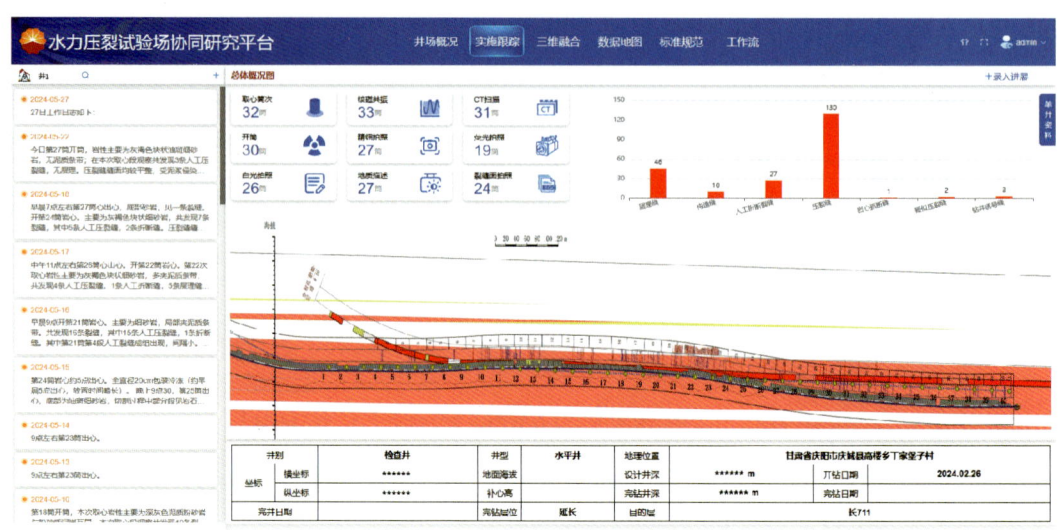

图 6.4　工程实施进度跟踪界面

## 6.2.3 "井—筒—段—缝"多层级数据地图

数据地图模块为一款强大的信息组织工具（图 6.5），采用直观的二维表格架构，构筑了一条探索水力压裂试验场核心数据的精细化路径——划分至"井—筒—段—缝"的四级层次。这一设计极大简化了复杂地质与作业数据的访问流程，赋予用户前所未有的透视能力，使他们能够轻松穿越信息的经纬，直观把握从宏观井场概况到微观裂缝特征的每一处细节。

图 6.5　数据地图界面

## 6.2.4 多源数据三维融合可视化

借助于尖端的 WebGL 技术，系统成功地在网页浏览器界面上实现了地质领域多学科数据的集成展示，涵盖了地质建模、三维地震数据解析、钻探轨迹及岩心扫描图像等关键信息（图 6.6 至图 6.8）。这些复杂而多样化的数据被集成在一个高性能的三维可视化平台上，共同构建出一个高度逼真、综合性的地质数字孪生模型。它不仅极大地增强了地质特征的可读性和理解深度，还促进了跨学科合作，形成了多专业分析决策的工具平台。

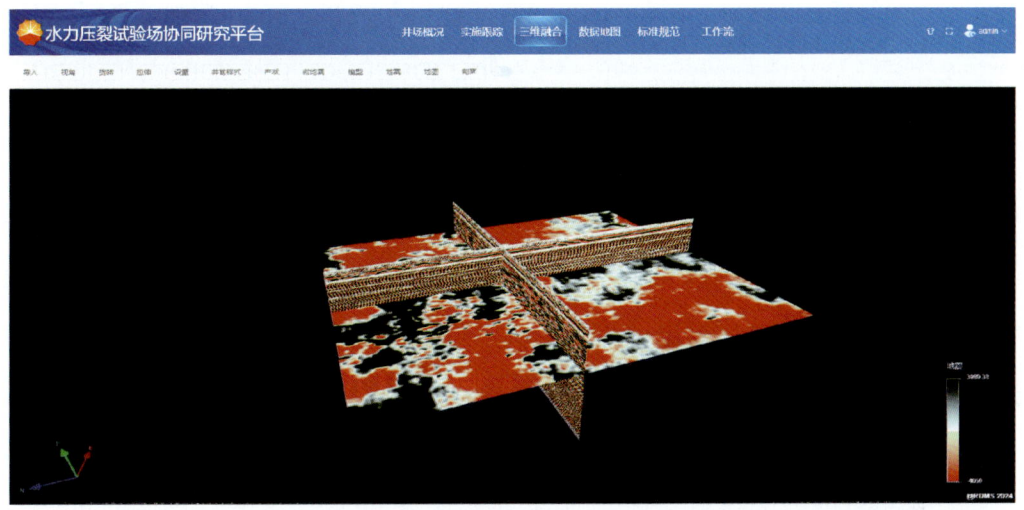

图 6.6　三维地震数据体可视化

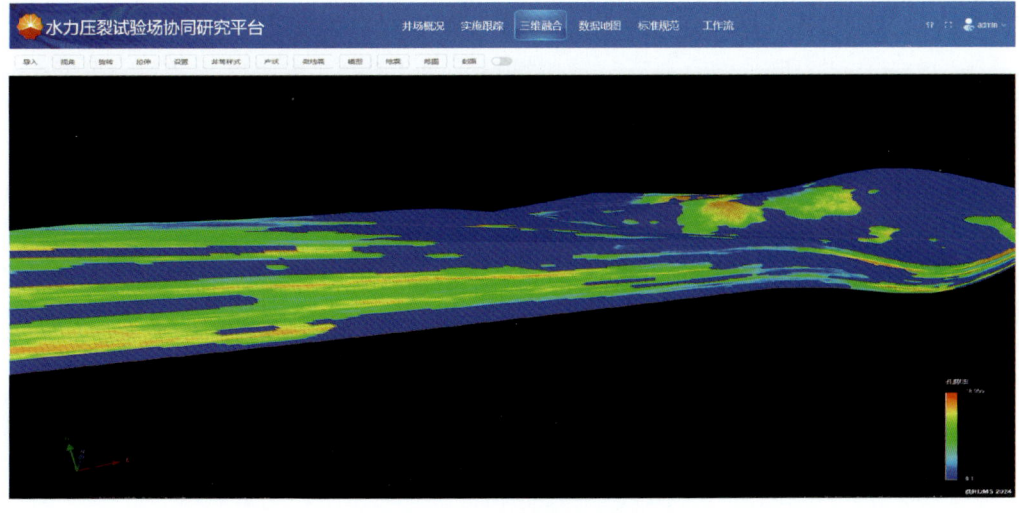

图 6.7　地质模型可视化

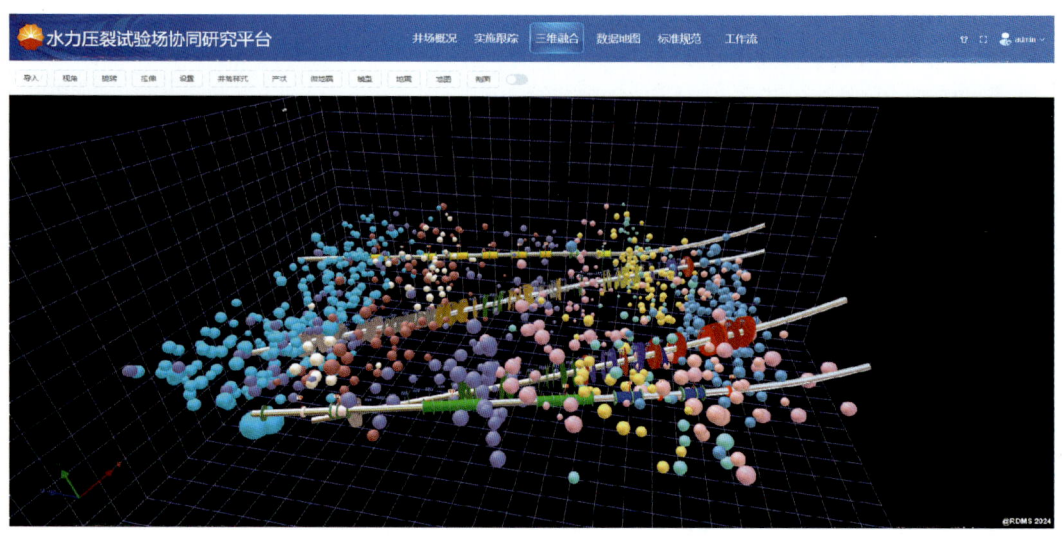

图 6.8　井下微地震模拟人工造缝过程

## 6.2.5　地质模型三维探索与导航

三维可视化场景中，能够将井筒、射孔段、裂缝面及取心筒等多样化的三维模型与相应的分析测试数据紧密相连（图 6.9），为用户提供一个直观而丰富的数据展示平台。这种集成方式不仅增强了数据的可读性，还使得复杂的信息以一种立体、互动的形式生动展现，极大地提升了用户对地质结构、油气藏特性等关键数据的理解深度和效率（图 6.10，图 6.11）。

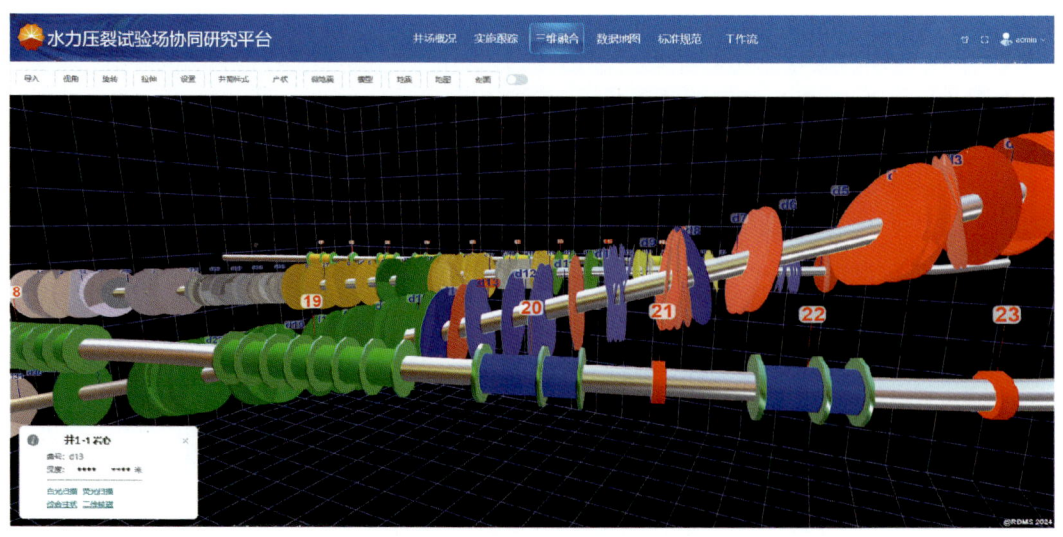

图 6.9　三维场景的数据导航

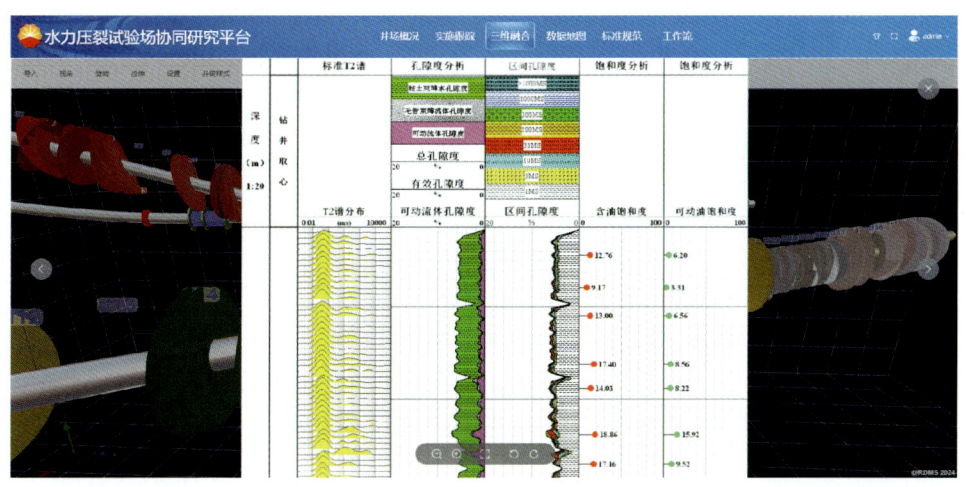

图 6.10　三维场景中关联单筒文档

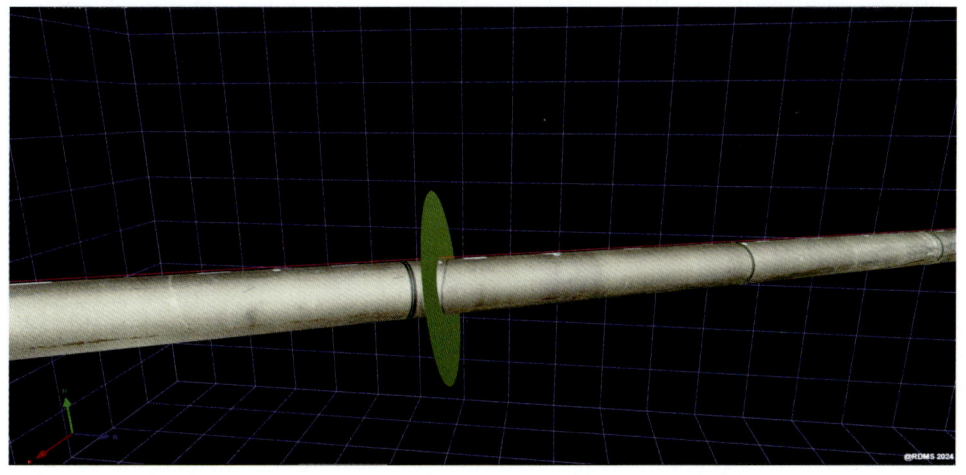

图 6.11　岩心白光滚动扫描三维显示与信息关联

## 6.2.6　综合柱状图数据分析

该系统采用综合柱状图组织方式，融合单筒钻探的方位伽马、岩性、全烃含量及岩心描述等多元化数据，形成了一幅直观展现岩性、物性及力学特性的多维度信息画卷（图 6.12）。通过智能图元触发机制，用户能够便捷地进行数据深度提取，解锁更详尽的分析层次。系统还提供了一系列高阶对比分析工具，如白光、荧光 CT 扫描的立体对比展示（图 6.13），岩心与二维核磁共振测量结果对照分析（图 6.14），裂缝 A、B 面的精细影像比对（图 6.15），岩屑白光与荧光对比分析（图 6.16）。这些功能极大增强了对地质特征的辨识与理解。

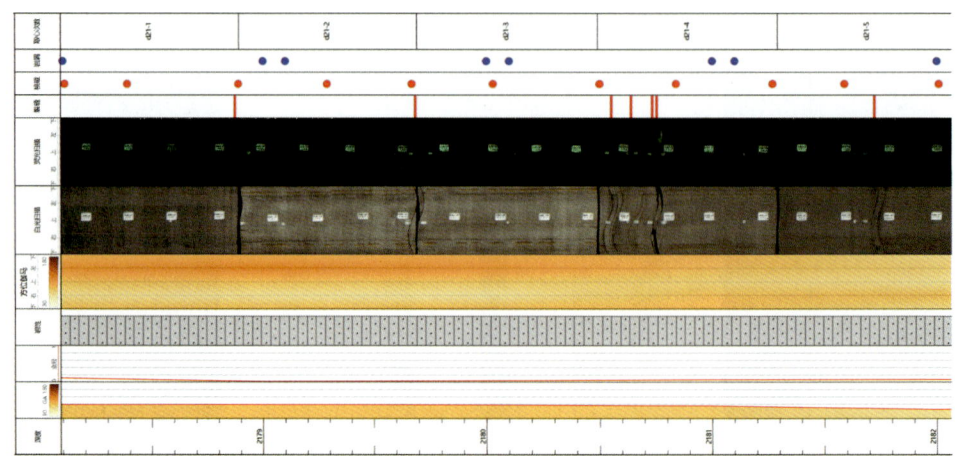

图 6.12 单筒综合柱状图数据导航窗口

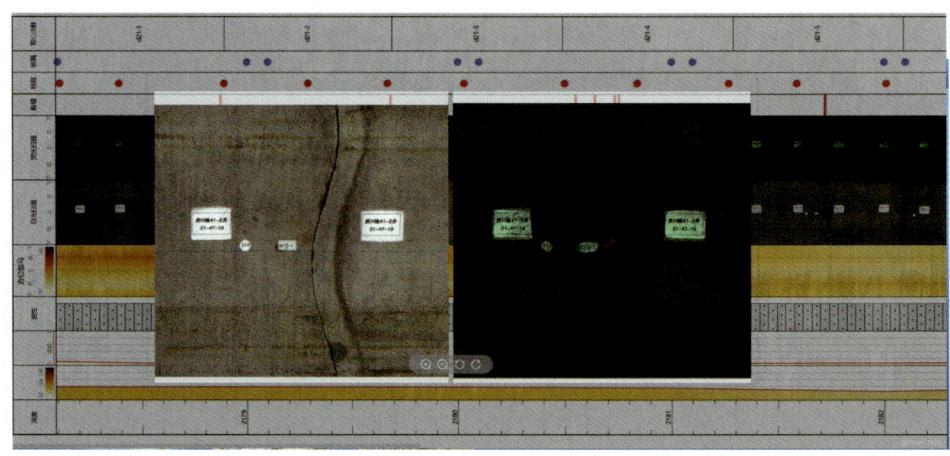

图 6.13 白光扫描—荧光扫描对比分析

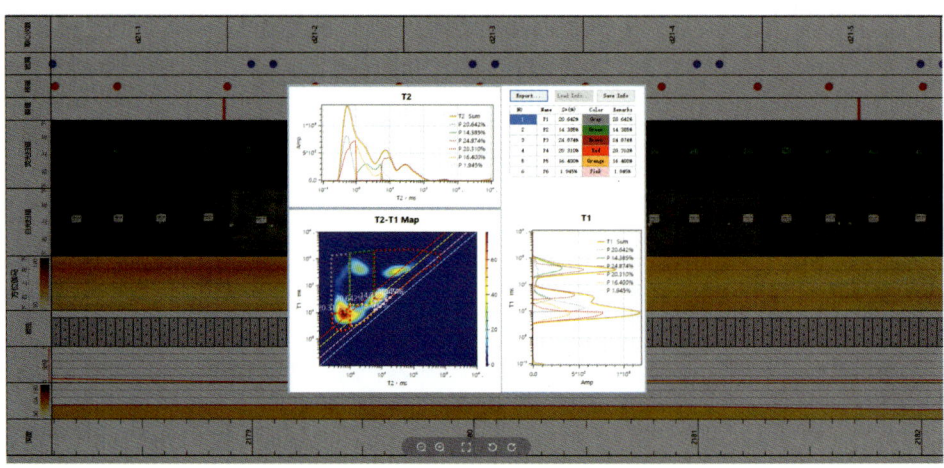

图 6.14 二维核磁共振数据提取

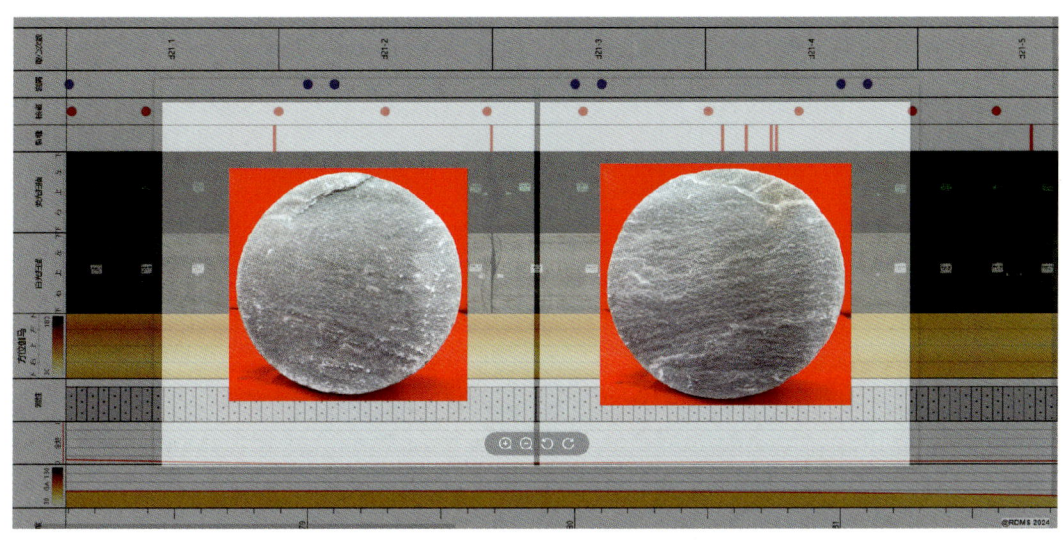

图 6.15　裂缝 A、B 面对照分析

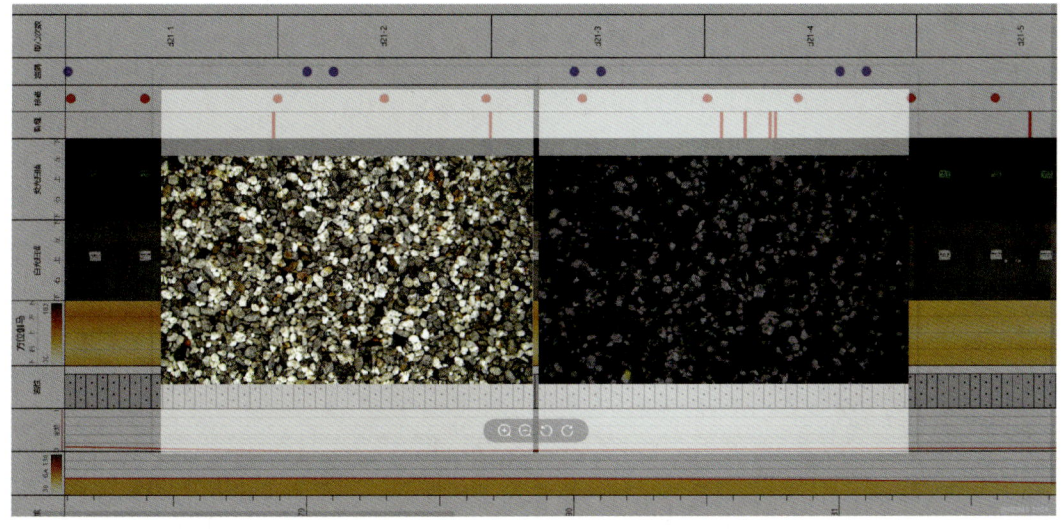

图 6.16　岩屑白光与荧光对比分析

## 6.2.7　压裂缝智能识别与分析

系统中集成了先进的智能分析技术，专为页岩油水力压裂试验场研究人员量身打造，旨在高效分析地质数据中的裂缝聚集程度（图 6.17）、精确描绘其空间方位与产状特征（图 6.18），并通过精细算法实现射孔点与裂缝网络的精准对应，从而深度洞察地下缝网结构（图 6.19）。

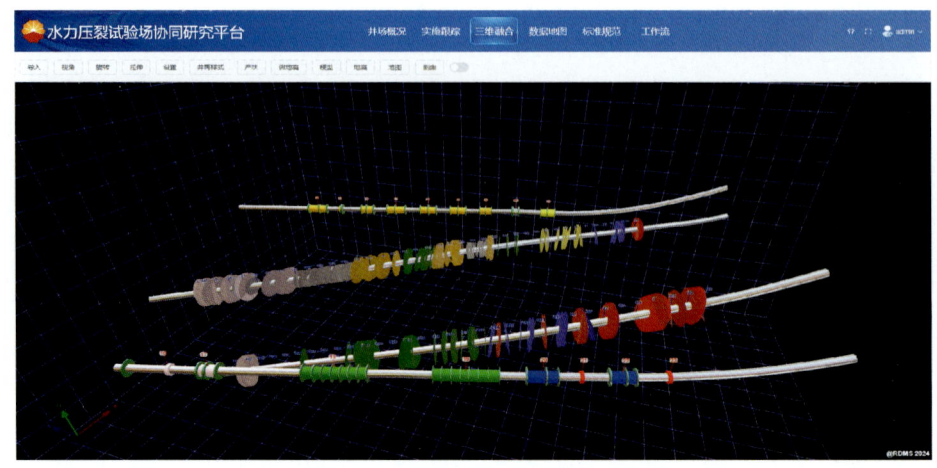

图 6.17　裂缝聚集度智能分析

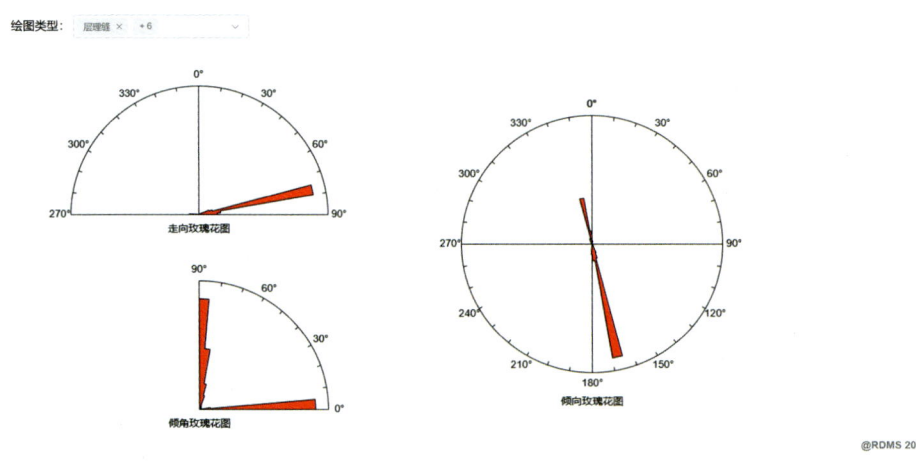

图 6.18　裂缝产状玫瑰花图

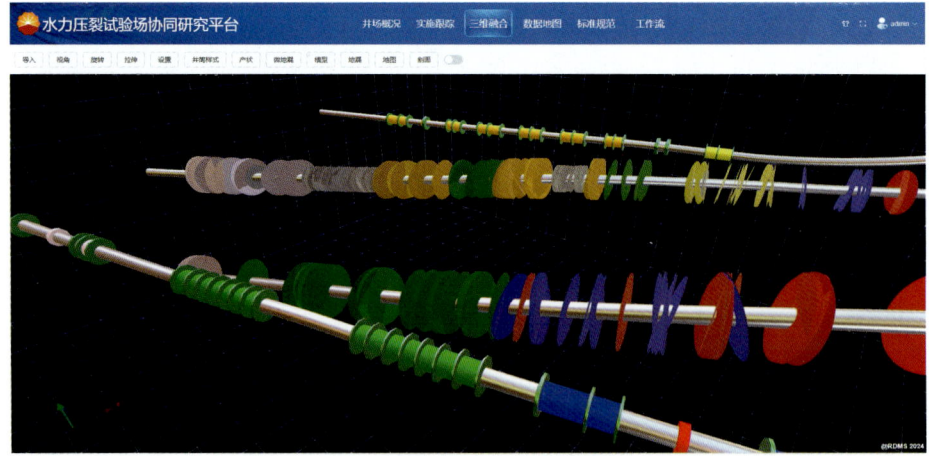

图 6.19　压裂与裂缝对应关系分析

水力压裂试验场协同研究平台通过集成高分辨率图像、地质模型、三维地震等多种专业数据，支撑了取心裂缝特征分析、裂缝形态评价、裂缝井网适配评价、多簇扩展均衡评价、裂缝支撑效果评价等典型场景应用，显著促进了多学科数据的共享与协同工作，推动了页岩油压裂效果的可视化、科学研究决策进程。

该平台的成功上线也是长庆油田数字化油气藏研究与决策支持平台（RDMS）迈入了一个崭新的发展阶段的重要标志。平台首次尝试将 WebGL 技术与地质模型相结合，构建了在线三维地质—工程一体化协同科研场景，极大地提升了用户体验和操作便捷性。这一创新不仅显著提高了数据处理效率和决策支持能力，还促进了跨学科的知识共享与创新，为未来的油气勘探和开发奠定了数字化和智能化技术的基础。

## 6.3　人员配置及责任划分

（1）梳理业务流程，设计系统功能与应用场景，需配置 2 人。

（2）系统功能与数据对接，数据管理标准制定与整理入库，需配置 3 人。

（3）系统按照前端、二维后端、三维后端分析的方式开发，需配置 3 人。

## 6.4　建设经验

系统开发的高效与高质量得益于以下三方面的综合作用：

（1）明确系统构建的目标。在系统建设初期，对业务流程进行全面细致梳理，确保系统能够满足实际业务需求，减少后期变更和返工工作。首先，明确数据的流向、处理逻辑和存储方式，确保系统能够准确高效地处理数据。其次，准确了解目标用户群体的需求和习惯，确保系统能够满足用户的期望，提高用户满意度。

（2）与业务紧密结合。在系统开发过程中，开发团队与业务部门保持紧密沟通，确保开发工作始终与业务需求保持一致。及时交流进度、问题和解决方案，确保开发工作能够顺利进行。

（3）数据建设工具及时跟进。对于种类多、数量大、复杂的多专业数据，及时开发有针对性的小型数据处理工具来提高数据处理的效率和质量。

# 7 岩心管理及归库

## 7.1 岩心采样管理

### 7.1.1 岩心系统采样计划

根据检查井地质及工程评价需求，设计岩矿鉴定、岩石热解、扫描电镜、断裂韧性实验、三轴岩石力学实验等 14 项室内实验分析，各类测试的目的及采样密度见表 7.1。

表 7.1 岩心系统采样计划表

| 序号 | 测试项目 | 平均采样密度 | 测试目的 |
|---|---|---|---|
| 1 | 岩矿鉴定 | 0.5～1 件/m | 岩石矿物组分分析 |
| 2 | 岩石热解 | 0.5～1 件/m | 岩石含油性评价 |
| 3 | 扫描电镜 | 0.5～1 件/m | 矿物组分及成岩分析 |
| 4 | 岩心冷冻及饱和度 | 0.1～0.2 件/m | 含油性测试 |
| 5 | 抽提及色谱分析 | 0.1～0.2 件/m | 烃类组分分析 |
| 6 | QEMSCAN | 20 件/井 | 矿物定量评价 |
| 7 | 图像孔隙、图像粒度 | 20～30 件/井 | 充填物评价 |
| 8 | 断裂韧性实验 | 40～50 件/井 | 岩石裂缝扩展能力评价 |
| 9 | 巴西劈裂实验 | 40～50 件/井 | 岩石抗拉强度评价 |
| 10 | 三轴岩石力学实验 | 40～50 件/井 | 岩石基础参数 |
| 11 | 差应变地应力测试 | 10～15 件/井 | 地应力评价 |
| 12 | CT 原位压缩实验 | 3 件/井 | 动态起裂模拟 |
| 13 | 微米 CT 扫描 | 15～20 件/井 | 微裂缝观察 |
| 14 | X 射线衍射分析 | 20～30 件/井 | 充填物评价 |

采样应本着"节约样品、保护岩心、避免重复"的原则，综合考虑不同室内实验项目的先后顺序、样品重复情况、样品流转效率等因素进行设计。样品的代表性对分析测试的准确性至关重要，主要按照以下原则设定采样间隔。（1）2.5cm直径柱塞样品采集密度设定为：目的层重点层段1块/1m；非重点层位1块/3m。（2）20cm长度全直径样品采集密度设定为1块/1筒，且尽量取于每一筒的同一位置，保证样品均匀分布。

### 7.1.2　采样位置的选择

样品的选取遵循以下原则：

（1）钻取的柱塞样，其岩性需具有代表性，应为前后层段主要的岩石类型，同时也要兼顾特殊岩性样品，确保采集的样品能够表征整个目的层段的岩性组合。

（2）柱塞样的钻取方向应尽量垂直于层理，以便样品更具有代表性。

（3）柱塞样钻取时，应完全避开块号标识及岩心方向标志线，钻孔位置尽量位于岩心同一侧。

（4）采集的样品需详细记录样品编号、长度、样品所处的段号和块号、样品距整块岩心顶部距离及样品深度，样品编号需连续统一。

（5）为避免样品进一步损坏，破碎严重的层段暂不钻取柱塞样。

（6）在柱塞样室内分样和全直径样品室内切割时，需确保岩石热解、含油/水饱和度、二维核磁共振样品取自于本块样品的中间部位，以尽量减少流体散失的影响。

### 7.1.3　采样规格

（1）岩心冷冻及饱和度分析，抽提及色谱分析一般选择全直径样品。

（2）岩矿鉴定、岩石热解、扫描电镜、微米CT扫描采样为直径25mm岩心柱。

（3）充填物分析所涉及的X射线衍射、粒度分析需要收集裂缝面充填物固体或钻井液。

（4）三轴岩石力学实验，需要柱塞样，样品尺寸为直径25mm、高50mm，获取内聚力和内摩擦角的实验需要在同一个深度点上钻取至少3个柱塞样。

（5）巴西劈裂实验，需要柱塞样，样品尺寸为直径25mm、高20mm左右。

（6）断裂韧性实验，需要柱塞样，样品尺寸为直径25mm、高10mm。

（7）差应变地应力测试，需要全直径样品，高度至少10cm。

（8）CT原位压缩实验，需要柱塞样，样品尺寸为直径6mm、高12mm。

### 7.1.4 采集样品的管理

（1）所有全直径及柱塞样品都拍摄手标本照片，以便样品出现问题回溯时有据可查。

（2）根据每一项实验对样品量的需求，在室内样品切割时按需切割，减少样品浪费。

（3）室内测试结束后所有余样全部整理并返回。

## 7.2 岩心保存要求

对于含油/水饱和度、二维核磁共振饱和度、岩石热解、含气量及组分分析等实验来说，水分和轻烃的损失程度对实验结果的准确性至关重要。主要使用现场冰柜冷冻+冷链运输、液氮罐冷冻、钢瓶密封三种方法进行含烃样品的冷冻及密封保存。

### 7.2.1 现场冰柜冷冻+冷链运输保存

由于岩心冷冻样品对时效性要求较高，为避免岩心在常温中停留过长时间，制订以下现场样品采集方案。

（1）提前将冰柜、铝箔纸、保鲜膜等物品置于钻井现场。

（2）岩心取至地面后，在每一筒岩心中挑选1块长约20cm的全直径岩心，第一时间做好标记，清除表面钻井液，先包裹3层铝箔纸密封，再包裹保鲜膜，放入样品袋，存入冰柜中，冰柜温度设置-20℃。该步骤需迅速，尽量减少岩心在常温环境中的停留时间。

（3）将采集好的样品分批以冷链形式运回实验室并继续冷冻。

（4）样品需用液氮台钻机进行切割。

（5）对于易破裂无法台钻的样品，用改装后的线切割机器进行切割，即给样品加工台加装密封机罩，利用液氮泵通入液氮，在冷冻过程中切割。

### 7.2.2 液氮罐冷冻保存

提前将液氮罐灌满液氮，将选取好的样品用铝箔纸和保鲜膜密封包裹后，做好标记并放入液氮罐冷冻保存。样品的冷冻切割与第一种保存方法一致。

### 7.2.3 钢瓶密封保存

对于含气体岩石样品，用钢瓶密封。转运至实验室后利用排水法收集气体，开展含气量及气体组分测试。

## 7.3 岩心归库要求

（1）到达库房后轻拿轻放，按顺序整齐放入岩心库。

（2）录井岩心管理人员负责岩心接收，清点岩心盒数、块数登记入库。

（3）录井岩心管理人员开展入库登记，记录岩心盒号、块数。

（4）严格执行领用人签字，归还数量及确认签字。

（5）岩心归还后按原位置归位放置。

## 7.4 人员配置

（1）现场采样一般为测试单位人员，同时配合采样操作2人。

（2）岩心入库由录井人员负责，按次序入库，操作人员2人。

# 附录　资料录取表格及图件

### 附表1　水力压裂试验场检查井取心作业记录表

| 井号 | | 井队编号 | | 日期 | | 井眼尺寸/（″） | |
|---|---|---|---|---|---|---|---|
| 筒次 | | 取心井段/m | | | 层位 | | |
| 钻头 | 钻头序号 | | 钻头型号 | | 钻头钢号 | | 入井新度 | |
| | | | | | | | 出井新度 | |
| | 钻头出井描述： | | | | | | | |
| 树心参数 | 钻压/kN | | 转速/（r/min） | | 扭矩/（kN·m） | | 泵冲/（次/min） | |
| | 泵压/MPa | | 排量/（L/s） | | 钻井液密度/（g/cm³） | | 钻井液黏度/s | |
| 取心参数 | 钻压/kN | | 转速/（r/min） | | 扭矩/（kN·m） | | 泵冲/（次/min） | |
| | 泵压/MPa | | 排量/（L/s） | | 钻井液密度/（g/cm³） | | 钻井液黏度/s | |
| 割心情况 | 悬重/kN | | 上提摩阻/kN | | 下放摩阻/kN | | 割心悬重/kN | |

作业情况简述：

工具检查情况：

| | 井深/m | 钻时/（min/m） | 钻压/kN | 转速/（r/min） | 泵压/MPa | 扭矩/（kN·m） | 井深/m | 钻时/（min/m） | 钻压/kN | 转速/（r/min） | 泵压/MPa | 扭矩/（kN·m） |
|---|---|---|---|---|---|---|---|---|---|---|---|---|
| 每米钻时及对应参数记录 | | | | | | | | | | | | |
| | | | | | | | | | | | | |
| | | | | | | | | | | | | |
| | | | | | | | | | | | | |
| | | | | | | | | | | | | |
| | | | | | | | | | | | | |

| 取心情况 | 取心纯钻进时间： | | h | | 平均机械钻速： | | m/h |
|---|---|---|---|---|---|---|---|
| | 取心进尺/m | | | 岩心长度/m | | 收获率/% | |
| | 岩性描述： | | | | | | |

## 附表2 水力压裂试验场检查井岩心单筒分段长度表

| 岩心编号 | | 单段长度 | 累计长度 | 单段井深 | 样品编号 |
|---|---|---|---|---|---|
| 次数 | 编号 | | | | |
| | | | | | |
| | | | | | |
| | | | | | |
| | | | | | |
| | | | | | |
| | | | | | |
| | | | | | |
| | | | | | |
| | | | | | |
| | | | | | |
| | | | | | |
| | | | | | |
| | | | | | |
| | | | | | |
| | | | | | |
| | | | | | |
| | | | | | |
| | | | | | |
| | | | | | |
| | | | | | |
| | | | | | |
| | | | | | |
| | | | | | |
| | | | | | |
| | | | | | |
| | | | | | |
| | | | | | |
| | | | | | |
| | | | | | |
| | | | | | |

## 附表 3 水力压裂试验场检查井取心单筒分段岩性记录表

| 井号 | 顶深 /m | 底深 /m | 岩性 |
|------|---------|---------|------|
|      |         |         |      |
|      |         |         |      |
|      |         |         |      |
|      |         |         |      |
|      |         |         |      |
|      |         |         |      |
|      |         |         |      |
|      |         |         |      |
|      |         |         |      |
|      |         |         |      |
|      |         |         |      |
|      |         |         |      |
|      |         |         |      |
|      |         |         |      |
|      |         |         |      |
|      |         |         |      |
|      |         |         |      |
|      |         |         |      |
|      |         |         |      |
|      |         |         |      |
|      |         |         |      |
|      |         |         |      |
|      |         |         |      |
|      |         |         |      |
|      |         |         |      |
|      |         |         |      |
|      |         |         |      |

## 附表 4  水力压裂试验场检查井单筒岩心分段裂缝描述记录表

油田：　　　　　　井号：　　　　　　时间：　　　　　　记录人：

| 取心次数 | 段号 | 顶深/m | 底深/m | 层位 | 岩性 | 颜色 | 沉积构造 | 含油性 | 裂缝特征 | 支撑剂 | 备注 |
|---|---|---|---|---|---|---|---|---|---|---|---|
|  | 1 |  |  |  |  |  |  |  |  |  |  |
|  | 2 |  |  |  |  |  |  |  |  |  |  |
|  | 3 |  |  |  |  |  |  |  |  |  |  |
|  | 4 |  |  |  |  |  |  |  |  |  |  |
|  | 5 |  |  |  |  |  |  |  |  |  |  |
|  | 6 |  |  |  |  |  |  |  |  |  |  |
|  | 7 |  |  |  |  |  |  |  |  |  |  |
|  | 8 |  |  |  |  |  |  |  |  |  |  |
|  | 9 |  |  |  |  |  |  |  |  |  |  |
|  | 10 |  |  |  |  |  |  |  |  |  |  |
|  | 11 |  |  |  |  |  |  |  |  |  |  |

### 附表 5 水力压裂试验场检查井单筒裂缝产状数据表

| 裂缝编号 | 裂缝最小深度 /m | 裂缝最大深度 /m | MD/m | 方位角 /(°) | 倾角 /(°) |
|---|---|---|---|---|---|
| | | | | | |
| | | | | | |
| | | | | | |
| | | | | | |
| | | | | | |
| | | | | | |
| | | | | | |
| | | | | | |
| | | | | | |
| | | | | | |
| | | | | | |
| | | | | | |
| | | | | | |
| | | | | | |
| | | | | | |
| | | | | | |
| | | | | | |
| | | | | | |
| | | | | | |
| | | | | | |
| | | | | | |
| | | | | | |
| | | | | | |
| | | | | | |
| | | | | | |
| | | | | | |
| | | | | | |
| | | | | | |

## 附表 6  水力压裂试验场检查井录井岩心单块长度表

井段：　　　　　　　　进尺：　　　　　　　　心长：　　　　　　　　收获率：　　　　　　　　取心层位：

| 第 1 次（保形） | | | | | | | | | | | | | | | |
|---|---|---|---|---|---|---|---|---|---|---|---|---|---|---|---|
| 岩心编号 | | 单块长度/m | 累计长度/m | 单块井深/m | 样品编号 | 岩心编号 | | 单块长度/m | 累计长度/m | 单块井深/m | 样品编号 | 岩心编号 | | 单块长度/m | 累计长度/m | 单块井深/m | 样品编号 |
| 次数 | 编号 | | | | | 次数 | 编号 | | | | | 次数 | 编号 | | | | |
|  |  |  |  |  |  |  |  |  |  |  |  |  |  |  |  |  |  |
|  |  |  |  |  |  |  |  |  |  |  |  |  |  |  |  |  |  |
|  |  |  |  |  |  |  |  |  |  |  |  |  |  |  |  |  |  |
|  |  |  |  |  |  |  |  |  |  |  |  |  |  |  |  |  |  |
|  |  |  |  |  |  |  |  |  |  |  |  |  |  |  |  |  |  |
|  |  |  |  |  |  |  |  |  |  |  |  |  |  |  |  |  |  |
|  |  |  |  |  |  |  |  |  |  |  |  |  |  |  |  |  |  |
|  |  |  |  |  |  |  |  |  |  |  |  |  |  |  |  |  |  |
|  |  |  |  |  |  |  |  |  |  |  |  |  |  |  |  |  |  |

填表人：　　　　　　　　　　　　　　　　　　　　审核人：

## 附表7 水力压裂试验场检查井岩心分段记录表

油田：　　　　　井号：　　　　　井型：　　　　　井位置：　　　　　市　　县　　村　　时间：　　年　　月

| 序号 | 层位 | 取心次数 | 切断序号 | 单次顶深/m | 单次底深/m | 小段编号 | 小段顶深/m | 小段底深/m | 单段长度/m | 顶面裂缝 | 底面岩性 | 底面裂缝 | 单段长度/m | 岩心顶深/m | 岩心底深/m | 岩心收获率/% |
|---|---|---|---|---|---|---|---|---|---|---|---|---|---|---|---|---|
| | | | | | | | | | | | | | | | | |
| | | | | | | | | | | | | | | | | |
| | | | | | | | | | | | | | | | | |
| | | | | | | | | | | | | | | | | |
| | | | | | | | | | | | | | | | | |
| | | | | | | | | | | | | | | | | |
| | | | | | | | | | | | | | | | | |
| | | | | | | | | | | | | | | | | |
| | | | | | | | | | | | | | | | | |
| | | | | | | | | | | | | | | | | |
| | | | | | | | | | | | | | | | | |
| | | | | | | | | | | | | | | | | |
| | | | | | | | | | | | | | | | | |
| | | | | | | | | | | | | | | | | |

### 附表 8 水力压裂试验场检查井裂缝详细信息表

| 裂缝编号 | 裂缝最小深度/m | 裂缝最大深度/m | 平均深度/m | 成像测井 | 裂缝对应性 | 距离/m | 典型岩心照片 | 裂缝性质 | 填充物 | 裂缝面构造 | CT扫描形态 | 岩性描述 | 日期 | 参与人员 | 备注 |
|---|---|---|---|---|---|---|---|---|---|---|---|---|---|---|---|
|  |  |  |  |  |  |  |  |  |  |  |  |  |  |  |  |
|  |  |  |  |  |  |  |  |  |  |  |  |  |  |  |  |
|  |  |  |  |  |  |  |  |  |  |  |  |  |  |  |  |
|  |  |  |  |  |  |  |  |  |  |  |  |  |  |  |  |
|  |  |  |  |  |  |  |  |  |  |  |  |  |  |  |  |
|  |  |  |  |  |  |  |  |  |  |  |  |  |  |  |  |
|  |  |  |  |  |  |  |  |  |  |  |  |  |  |  |  |
|  |  |  |  |  |  |  |  |  |  |  |  |  |  |  |  |
|  |  |  |  |  |  |  |  |  |  |  |  |  |  |  |  |
|  |  |  |  |  |  |  |  |  |  |  |  |  |  |  |  |
|  |  |  |  |  |  |  |  |  |  |  |  |  |  |  |  |
|  |  |  |  |  |  |  |  |  |  |  |  |  |  |  |  |

## 附表 9 水力压裂试验场岩心裂缝描述记录表

油田：　　　　　　　井号：　　　　　　　　　　　　　　　　　　　　　　　　　　记录人：

| 取心次数 | 段号 | 顶深/底深/m | 裂缝编号 | 裂缝最小深度/m | 裂缝最大深度/m | 平均深度/m | 小段最小深度/m | 小段最大深度/m | 小段顶深/底深/m | 偏转弧长/m | 缝长/cm | 轨迹倾角/(°) | 轨迹方位角/(°) | 夹角/(°) | 偏转角/(°) | 倾角/(°) | 倾向/(°) | 裂缝性质 | 填充物 | 裂缝面构造 | 岩性描述 | 描述日期 | 描述人员 | 备注 |
|---|---|---|---|---|---|---|---|---|---|---|---|---|---|---|---|---|---|---|---|---|---|---|---|---|
| | | | | | | | | | | | | | | | | | | | | | | | | |
| | | | | | | | | | | | | | | | | | | | | | | | | |
| | | | | | | | | | | | | | | | | | | | | | | | | |
| | | | | | | | | | | | | | | | | | | | | | | | | |
| | | | | | | | | | | | | | | | | | | | | | | | | |
| | | | | | | | | | | | | | | | | | | | | | | | | |
| | | | | | | | | | | | | | | | | | | | | | | | | |

## 附表10 水力压裂试验场裂缝条数统计表

| 井名 | 筒数 | 序号 | 日期 | 顶深/m | 底深/m | 分段长度/m | 压裂缝/条 | 高角度缝/条 | 层理缝/条 | 诱导缝/条 | 微裂缝/条 |
|---|---|---|---|---|---|---|---|---|---|---|---|
| | | | | | | | | | | | |
| | | | | | | | | | | | |
| | | | | | | | | | | | |
| | | | | | | | | | | | |
| | | | | | | | | | | | |
| | | | | | | | | | | | |
| | | | | | | | | | | | |
| | | | | | | | | | | | |
| | | | | | | | | | | | |
| | | | | | | | | | | | |
| | | | | | | | | | | | |
| | | | | | | | | | | | |
| | | | | | | | | | | | |
| | | | | | | | | | | | |

## 附表 11 水力压裂试验场检查井裂缝汇总表

| 取心次数 | 裂缝数量/条 | | | | | | | 裂缝段号 | | | | | | 备注 |
|---|---|---|---|---|---|---|---|---|---|---|---|---|---|---|
| | 总数 | 层理缝 | 天然构造缝 | 人工裂缝 | 诱导缝 | 不确定缝 | 人为缝 | 天然裂缝 | 层理缝 | 诱导缝 | 不确定缝 | 人为缝 | | |
| | | | | | | | | | | | | | | |
| | | | | | | | | | | | | | | |
| | | | | | | | | | | | | | | |
| | | | | | | | | | | | | | | |
| | | | | | | | | | | | | | | |
| | | | | | | | | | | | | | | |
| | | | | | | | | | | | | | | |
| | | | | | | | | | | | | | | |
| | | | | | | | | | | | | | | |
| | | | | | | | | | | | | | | |
| | | | | | | | | | | | | | | |
| | | | | | | | | | | | | | | |
| 数量汇总 | | | | | | | | | | | | | | |

## 附表12 岩屑支撑剂录井原始记录表

第      筒心岩屑

| 斜深/m | 层位 | 显微镜下颗粒数量/颗 ||| 单位质量岩屑样品中发现的支撑剂数量/(颗/g) | 颜色及数量 | 总质量/g | 显微镜下观察岩屑质量/g |||| 岩屑原始筛分质量/g |||
|---|---|---|---|---|---|---|---|---|---|---|---|---|---|---|
| | | >40目 | >80目 | >140目 <140目 | | | | >40目 | >80目 | >140目 | <140目 | >20目 >40目 | >80目 >140目 | <140目 |
| | | | | | | | | | | | | | | |
| | | | | | | | | | | | | | | |
| | | | | | | | | | | | | | | |
| | | | | | | | | | | | | | | |
| | | | | | | | | | | | | | | |
| | | | | | | | | | | | | | | |
| | | | | | | | | | | | | | | |
| | | | | | | | | | | | | | | |
| | | | | | | | | | | | | | | |
| | | | | | | | | | | | | | | |
| | | | | | | | | | | | | | | |
| | | | | | | | | | | | | | | |

注：Y—黄色；R—红色；B—蓝色；W—乳白色；N—无色透明。

记录人：

## 附表 13 水力压裂试验场现场工作进度表

| 日期 | 取心筒次 | 核磁共振 | CT扫描 | 开筒 | 精细拍照 | 荧光扫描 | 白光扫描 | 地质描述 | 裂缝测量 | 裂缝精细描述 | 裂缝PPT | 裂缝面拍照 |
|---|---|---|---|---|---|---|---|---|---|---|---|---|
| | | | | | | | | | | | | |
| | | | | | | | | | | | | |
| | | | | | | | | | | | | |
| | | | | | | | | | | | | |
| | | | | | | | | | | | | |
| | | | | | | | | | | | | |
| | | | | | | | | | | | | |
| | | | | | | | | | | | | |
| | | | | | | | | | | | | |

## 附表 14 水力压裂试验场资料入库记录表

| 取心筒次 | 轨迹 | 分段记录 | 单块记录 | 核磁 | CT扫描 | 开筒照片 | 裂缝PPT | 红布照片 | 裂缝测量 | 荧光扫描 | 白光扫描 | 缝面拍照 | 裂面三维激光 |
|---|---|---|---|---|---|---|---|---|---|---|---|---|---|
| | | | | | | | | | | | | | |
| | | | | | | | | | | | | | |
| | | | | | | | | | | | | | |
| | | | | | | | | | | | | | |
| | | | | | | | | | | | | | |
| | | | | | | | | | | | | | |
| | | | | | | | | | | | | | |
| | | | | | | | | | | | | | |
| | | | | | | | | | | | | | |
| | | | | | | | | | | | | | |
| | | | | | | | | | | | | | |
| | | | | | | | | | | | | | |
| | | | | | | | | | | | | | |

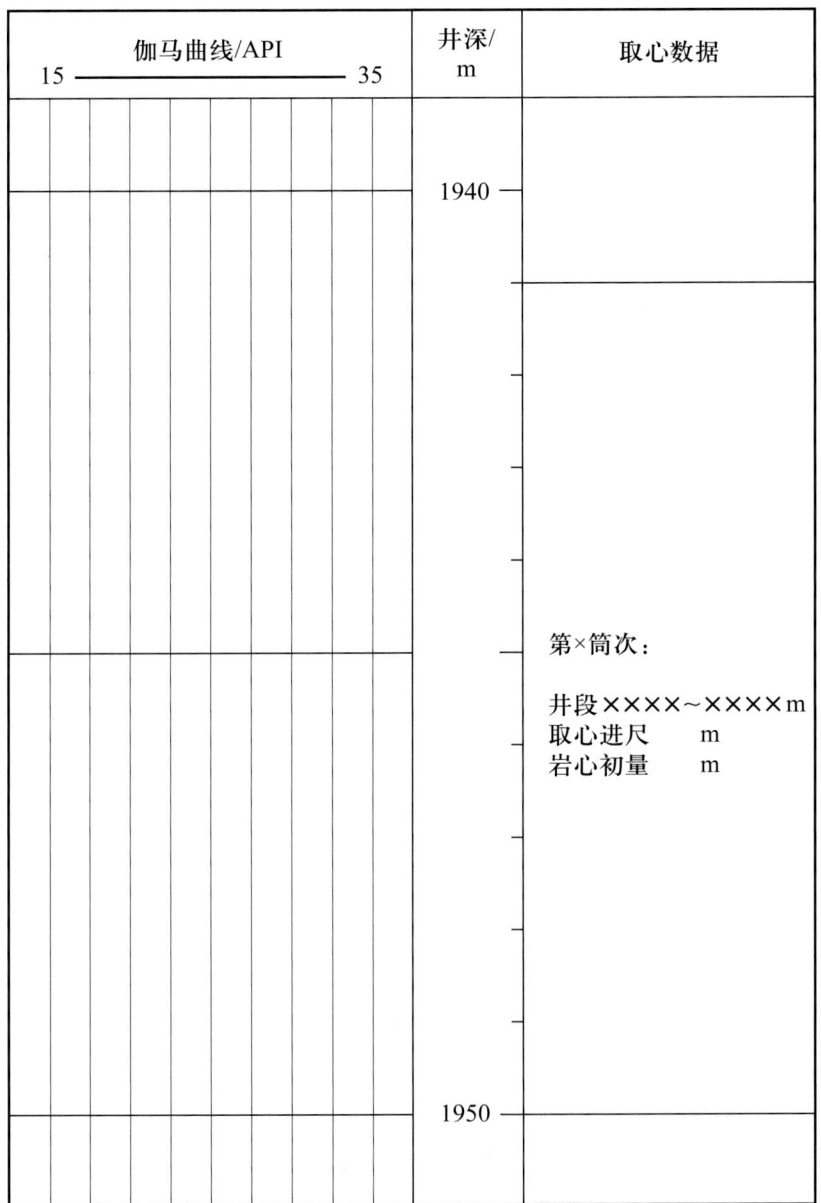

附图1 水力压裂试验场检查井岩心伽马测量图